10대를 위한

세균과
바이러스
이야기

* 일러두기

  학명의 경우 영문을 이탈릭체(우사체)로 표기하였습니다.

초록서재 교양문고_ **과학**

10대를 위한 세균과 바이러스 이야기

초판 1쇄 발행 2021년 5월 14일 | 초판 2쇄 발행 2021년 12월 1일
글쓴이 윤상석 | 펴낸이 황정임
초록서재(도서출판 노란돼지) | 경기도 파주시 문발로 115(파주출판문화정보산업단지), 307 (우)10881
전화 (031)942-5379 | 팩스 (031)942-5378 | 등록번호 제406-2015-000137호 | 등록일자 2015년 11월 5일
편집 김성은, 박예슬 | 마케팅 이주은, 이수빈, 고예찬 | 경영지원 손향숙 | 디자인 이재민, 유고운

도서출판 노란돼지는 독자 여러분의 의견을 기다립니다. yellowpig.co.kr | 인스타그램 @greenlibrary_pub
ISBN 979-11-957187-9-5 43470 ⓒ 윤상석 2021

초록서재 초록서재는 연노랑의 잎이 자라 초록의 나무가 되듯 청소년의 생각과 마음 성장을 돕는 책을 펴냅니다.

초록서재
교양문고
과 학

10대를 위한

세균과 바이러스 이야기

윤상석 지음

초록서재

세균과 바이러스가 없다면 우리도 없다

피부에 생긴 상처를 제대로 치료하지 않으면 염증이 생기고, 상한 음식을 먹으면 배탈이 나며, 춥고 건조한 곳에서 얇은 옷차림으로 오랜 시간 떨고 있으면 감기에 걸린다. 이같이 우리는 늘 여러 가지 질병을 곁에 두고 생활한다. 게다가 신종플루나 코로나19와 같은 전염성 강한 질병은 순식간에 전 세계로 퍼져 많은 사람에게 큰 고통을 안겨준다.

이런 질병 대부분은 우리 몸에 세균이나 바이러스가 침입해 생기는 것이다. 그래서 사람들은 세균과 바이러스를 무섭고 불쾌한 존재로 생각하고, 세상에서 완전히 사라지기를 바란다.

만약 세상의 모든 세균과 바이러스가 사라지면 어떻게 될까? 상처가 나도 염증이 생기지 않고, 상한 음식을 먹어도 배탈이 나지 않으며, 무서운 전염병의 고통을 겪지 않아도 된다. 사람들은 질병에서 해방되었다고 기뻐할 것이다. 하지만 이렇게 되면 우리는 더 큰 고통을 겪어야 한다. 우리 주변은 온통 죽은 동물과 식물의 시체들로 가득해 발 디딜 틈이 없을지도 모른다. 세균과 같은 미생물이 없으면 죽은 동물과 식물이 썩지 않고 세상에 그대로 남기 때문이다. 상상만 해도 끔찍하다.

또 지구 생태계를 유지할 수도 없다. 미생물은 죽은 생명체와 생명체가 만든 물질을 분해하는데, 이렇게 분해된 물질을 이용해 식물과 같은 생태계 생산자가 영양분을 만들기 때문이다. 이 영양분을 이용해 생태계의 소비자인 동물이 살아갈 수 있다.

그리고 세균이 없다면 요구르트나 치즈, 김치와 같은 맛있는 음식을 먹을 수도 없다. 우리가 즐겨 먹는 음식 중 많은 것이 세균과 같은 미생물의 발효 덕분에 만들어진다.

특히 세균은 우리와 밀접한 관계를 맺고 있다. 우리 몸에는 세포 수보다 10배나 더 많은 세균이 있고 이들이 몸무게의 최소 2%를 차지한다. 이렇게 많은 세균이 우리 몸에 어떤 영향을 끼치는지는 최근에 와서야 조금씩 알려지기 시작했다. 장 속의 세균은 우리의 면역 체계에 큰 영향을 미치고 뇌와도 밀접한 관계가 있으며 비만과도 관계가 있다는 것이다. 앞으로 연구가 더 진행되면 우리 몸과 세균에 대한 더 놀라운 사실이 밝혀질지도 모른다.

과학이 발달해 세균의 유전자까지 살펴볼 수 있게 되었지만, 세균과 바이러스에 대해서는 아직 아는 것보다는 모르는 게 더 많다. 세상에 얼마나 많은 종류의 세균과 바이러스가 있는지도 모르고, 우리 몸에 어떤 종류의 세균과 바이러스가 살고 이들이 어떤 역할을 하는지에 대해서는 아주 일부만 밝혀진 상태다. 과학자들에게 세균과 바이러스는 연구할 것이 무궁무진한 미지의 세계와 다름없다.

이 책은 세균과 바이러스를 중심으로 미생물이 인간에게 어떤 영향을 끼치고 인간과 서로 어떤 영향을 주고받는지 설명하고 있다. 이와 함께 세균과 바이러스의 발견 역사와 에피소드, 세균과 바이러스의 흥미롭고 다양한 이야기도 담았다. 이 책을 통해 많은 독자가 세균과 바이러스에 대한 편견을 버리고 그들의 참모습을 이해할 수 있기를 바란다.

차례

머리말 5

01 **세균**과 **바이러스란 무엇일까?** 11

한걸음 더 깊이 세균학의 아버지, 로베르트 코흐 41

02 **세균**과 **바이러스의 종류**와 **진화** 45

한걸음 더 깊이 진균은 어떤 생물일까? 63

03 **우리 몸**과 **미생물** 65

한걸음 더 깊이 건강을 지키는 장 속의 세균들 81

04 세균과 바이러스가 일으키는 질병 83

한걸음 더 깊이 공포의 바이러스 '에볼라' 115

05 세균과 바이러스의 공격을 막아라 117

한걸음 더 깊이 백신의 아버지, 루이 파스퇴르 135

06 세균과 바이러스의 이용 139

한걸음 더 깊이 빵과 술을 만드는 미생물, 효모 155

07 신기하고 특별한 세균과 바이러스 157

01

세균과
바이러스란
무엇일까?

보이지 않는 생물들

어릴 적 동물원에 갔을 때였다. 동물이 너무 많아 무엇부터 봐야 할지 몰랐다. 원숭이만 하더라도 사바나원숭이, 긴꼬리원숭이, 거미 원숭이… 종류가 너무 많았기 때문이다. 동물원에 딸린 식물원에도 식물 종류가 다양했다. 처음에는 흥미를 갖고 살펴보다가 금방 지치고 말았다.

"세상에는 생물 종류가 너무 많아."

과연 지구상에는 얼마나 많은 종류의 생물이 있을까? 지금까지 알려진 식물은 약 29만 종이고, 동물은 약 100만 종이나 된다. 그런데 세상의 어떤 동물원과 식물원에서도 구경할 수 없는 생물도 있다. 바로 맨눈으로 볼 수 없을 정도로 아주 작은 미생물이다. 미생물은 식물과 동물 종류를 다 합친 것보다 훨씬 많다. 과학자들은 세균 종류만 적어도 수백만 종에서 수천만 종에 이르리라 추측한다. 하지만 새로운 종류의 미생물을 찾아내는 건 매우 어려운 일이다. 실험실에서 길러 수를 많이 늘린 후에야 현미경으로 겨우 볼 수 있을 정도로 크기가 아주 작기 때문이다. 게다가 현재 기술로는 미생물의 약 1% 정도만 실험실에서 키울 수 있다.

그런데 미생물은 우리와 밀접한 관계를 맺고 있다. 우리 몸에는 세포 수보다 10배나 더 많은 미생물이 살기 때문이다. 미생물의 무게만 몸무게의 최소 2%를 차지한다. 결국, 내 몸무게의 2%는 내 것이 아니라 미생물이다. 게다가 미생물은 우리가 건강하게 살아가는 데 큰 역할을 한다. 그들이 없으면 우리 몸은 며칠 못 버티고 건강을 잃는다. 심지어는 목숨을 잃을 수도 있다. 인간뿐만 아니라 다른 동물이나 식물도 마찬가지다.

우리 몸에 사는 미생물은 대부분 세균이다. 세균이란 말만 들어도 얼굴을 찡그리는 사람들이 있을 것이다. 세균으로 인해 발생하는 무시무시한 병들이 너무나 많기 때문이다. 그렇다고 세균이 우리 몸에 병만 일으킨다고 미워하면 안 된다. 세균은 우리 몸에서 매우 중요한 역할을 하고 있다.

세균보다 더 악명이 높은 미생물이 바이러스이다. 요즘 세상 사람들을 공포에 떨게 만드는 코로나19도 바이러스가 일으킨 것이다. 얼마 전에 세상을 떠들썩하게 했던 사스, 메르스, 신종플루 등도 바이러스가 일으킨 전염병이다. 이렇게 무서운 바이러스이지만 생물의 세계에서는 중요한 역할을 하고 있으므로 미워할 수만은 없다.

인류와 함께한 미생물

인류가 세상에 처음 등장했을 때부터 세균과 바이러스와 같은 미생물은 함께 있었다. 하지만 사람들은 미생물이 음식물이나 죽은 생명체를 분해하는 모습을 보면서도 미생물의 존재를 전혀 알지 못했다. 사람들 눈에 보이지 않을 정도로 작았기 때문이다. 그런데 여기서 미생물이 음식물과 죽은 생명체를 분해하는 모습이 뭐냐고 궁금해 하는 사람들이 있을 수 있다. 음식물과 죽은 생명체가 악취를 내뿜으며 부패하고 썩는 모습이 바로 미생물이 유기물을 분해하는 모습이다.

유기물은 생물의 몸을 만드는 탄수화물이나 단백질, 지방과 같은 물질을 말하는데, 미생물은 유기물을 간단한 분자로 분해해 자신에게 필요한 영양분으로 사용한다. 분해한다는 말이 여전히 어렵다면 그냥 음식물이나 죽은 생명체를 먹어치운다고 생각하면 된다.

인류는 오래전부터 미생물에 감염되어 여러 가지 병에 걸렸지만 이유는 전혀 몰랐다. 다만 오랜 경험을 통해 몸을 깨끗하게 해야 병에 덜 걸린다는 정도만 알고 있었다. 그래서 고대 로마 시대에는 공중목욕탕을 세워 사람들이 몸을 씻곤 했다. 과학혁명 시대였던 18세기에도 의사들은 감염병의 원인이 나쁜 공기 때문이라고 생각했다. 19세기 중반이 지나서야 다른 이유일 수 있다고 의심하기 시작했다.

그럼에도 인류는 아주 오래전부터 미생물을 이용해 왔다. 바로 발효 기술이다. 발효는 부패와 마찬가지로 미생물이 유기물을 분해

하는 과정이다. 이 분해 과정에서 인간에게 이로운 물질이 많이 생긴다. 사람들은 발효 기술을 통해 다양한 식품을 만들어왔다. 대표적인 식품이 유산균 발효를 통해 만드는 요구르트와 김치다. 유산균은 다른 나쁜 세균을 막아 식품을 상하지 않고 오랫동안 보관할 수 있도록 만든다. 이렇게 만들어진 유산균 발효 식품은 맛이 좋을 뿐만 아니라 건강에도 도움을 주는 경우가 많다.

하지만 옛날 사람들은 유산균이 가득 든 요구르트를 마시면서도 세균에 대해서는 전혀 몰랐다. 다만 조상 대대로 내려온 방법으로 유산균을 다루었을 뿐이다. 우유 등 동물의 젖을 오래 보관하는 방법을 찾다가 우연히 요구르트를 만드는 방법을 발견했고, 마찬가지로 각종 채소를 오랫동안 신선하게 먹을 방법을 고민하다가 김치 담그는 방법을 찾아냈으리라 추측한다.

미생물을 처음 발견한 사람

맨눈으로 볼 수 없는 미생물을 보려면 무엇이 필요할까? 아주 작은 물체를 크게 볼 수 있는 현미경이다. 그래서 미생물을 처음 발견한 사람을 알아내려면 먼저 현미경이 언제 어떻게 발명되었는지부터 살펴봐야 한다.

현미경이 발명되기 전에 망원경이 먼저 발명되었고 망원경의 원리를 응용해서 17세기 초에 현미경이 만들어졌다. 하지만 그 발명자에 대해서는 정확히 밝혀지지 않았다. 다만 네덜란드의 안경제작자였던 얀선이란 사람으로 추측하고 있다. 그는 둥근 통 안에 렌즈두 개를 넣어 현미경을 만들었다. 하지만 그가 만든 현미경은 성능이 좋지 않아서 미생물을 관찰할 수는 없었다.

1665년 영국의 화학자이자 물리학자인 로버트 훅Robert Hooke은 자신이 만든 현미경으로 여러 가지 생물을 관찰했다. 그는 이 현미경으로 코르크 세포를 관찰해, 세포를 최초로 관찰한 사람으로 역사에 기록되었다. 그리고 현미경으로 관찰한 생물과 사물을 직접 그림으로 그렸고, 그것을 모아 《마이크로그라피아Micrographia》라는 책으로 펴냈다. 이 책은 당시 영국에서 베스트셀러가 되었다. 하지만 그가 미생물을 발견했다는 기록은 없다.

비슷한 시기 네덜란드의 레이우엔훅Antonie van Leeuwenhoek이라는 직물 장사꾼이 있었다. 그는 가정 형편이 어려워 학교를 제대로 다니지 못하고 청소년 시절부터 옷감을 팔았다. 그러다가 36살이던 1668년에 영국 런던으로 여행을 가서 로버트 훅의 《마이크로그라피아》를 보고 큰 감명을 받았다.

'와, 대단해! 나도 현미경을 만들어서 세포들을 봐야겠어.'

레이우엔훅은 장사를 하면서 늘 돋보기로 옷감을 들여다보았기 때문에 렌즈에는 전문가였다. 여행에서 돌아온 그는 자신이 직접 만든 렌즈로 현미경을 만들었다. 레이우엔훅이 만든 현미경은 렌즈가 하나밖에 없었기 때문에 어떻게 보면 돋보기에 불과했다. 하지만 물체를 300배나 확대해서 볼 수 있을 정도로 배율이 높았다. 덕분에 당시 과학자들이 관찰했던 세포보다 10배나 더 작은 생물도 관찰할 수 있었다.

레이우엔훅은 다양한 곤충, 머리카락, 손톱, 시궁창의 물, 심지어는 자신의 변까지, 주변에서 구할 수 있는 모든 것을 현미경으로 관찰했다. 마흔 살이 넘은 후에도 관찰은 계속되었다. 그러던 중에 집 근처 호수에서 떠온 물을 현미경으로 관찰하다가 물 안에서 우글거리는 아주 작은 생명체들을 발견했다.

'와, 이게 이렇게 작은 생명체가 있다니! 이것을 그림으로 남겨야겠어.'

그는 이 생명체에 '극미동물'이라고 이름 짓고 화가의 도움을 받아 그림으로 그렸다. 또 사람의 치아에서 긁어낸 물질을 현미경으로 관찰하다 역사상 처음으로 인체에 사는 미생물도 발견할 수 있었다. 사람의 정자를 처음으로 관찰하기도 했다. 물론 자신의 정자였다.

그러면서 레이우엔훅은 자신의 관찰 내용을 정리해 영국 왕립학회에 꾸준히 보냈다. 왕립학회에서는 과학자도 아닌 장사꾼이

레이우엔훅이 만든 현미경

레이우엔훅은 다양한 곤충, 머리카락, 손톱, 시궁창의 물, 심지어는
자신의 변까지, 주변에서 구할 수 있는 모든 것을 현미경으로 관찰
했다.

보낸 편지를 무시할 수도 있었지만, 당시 왕립학회에는 세포를 처음 발견한 로버트 훅이 서기로 근무하고 있었다. 훅은 레이우엔훅이 보내온 관찰 내용에 관심을 보였고 사실인지 확인까지 했다. 결국, 이런 보이지 않는 노력 덕분에 레이우엔훅은 왕립학회의 회원이 될 수 있었고, 그 후에도 현미경으로 온갖 것들을 들여다보며 평생을 살았다. 그리고 자신이 발견한 수많은 극미동물을 그림으로 남겼다.

자연발생설과 생물속생설 논쟁

레이우엔훅의 발견 이후 과학자들은 맨눈으로 볼 수 없는 미지의 생물 세계에 대해 흥미를 갖기 시작했다. 그리고 이렇게 작은 생물이 어떻게 생겨났는지 궁금해 했다.

당시 사람들 대부분은 생물이 아무것도 없는 자연 상태에서 저절로 생겨난다고 생각했다. 과학 지식이 부족했던 시대이기 때문에 아무것도 없는 흙에서 새싹이 돋아나고 썩어가는 음식물에서 갑자기 구더기가 생기는 것을 보면 이런 생각을 하는 것도 무리가 아니었다. 이런 생각을 '자연발생설'이라고 한다. 특히 맨눈에 보이지 않을 정도로 작고 단순한 모양의 미생물은 자연 상태에서 저절로 생기는 게 당연해 보였다.

그런데 사람들은 점차 자연발생설에 의문을 품기 시작했다. 이탈리아 의사인 프란체스코 레디는 1668년 이 의문을 풀기 위한 실험을 진행했다. 그는 두 개의 유리병에 고기 조각을 각각 넣은 다음, 유리병 하나는 뚜껑을 덮지 않은 채 그대로 두고 나머지 하나는 입구를 양피지로 단단히 막았다. 며칠 후, 두 유리병 안에 있던 고기는 모두 썩어갔다. 그런데 뚜껑을 덮지 않은 유리병 안에는 구더기가 생겼고, 입구를 양피지로 단단히 막은 유리병 안에는 구더기가 생기지 않았다. 하지만 이 실험 결과를 보고 자연발생설을 믿는 사람들은 다음과 같이 주장했다.

"구더기가 생기지 않은 이유는 유리병 입구를 공기가 통하지 않을 정도로 단단히 막았기 때문이오. 그래서 신선한 공기가 없어 구더기가 생기지 않은 거요. 자연발생설은 여전히 옳소!"

레디는 그들의 주장을 반박하기 위한 실험을 다시 시작했다. 이번에는 양피지로 밀봉하지 않고 공기가 통할 수 있도록 유리병 입구를 거즈로 덮었다. 며칠 후, 입구를 거즈로 덮은 유리병 안의 고기가 썩어갔지만 구더기는 생기지 않았다. 그는 이 실험 결과를 보여주며 자연발생설에 반대했다.

"구더기는 썩은 고기에서 저절로 생기지 않고 파리가 낳은 알에서 생기는 거요. 자연발생설은 틀렸소!"

이렇게 생물은 기존 생물로부터 생겨난다는 주장이 '생물속생설'이다. 자연발생설과 생물속생설이 논쟁을 벌이기 시작했는데, 여전히 미생물만은 자연발생설이 옳다고 생각하는 사람들이 많았다.

'다른 생물은 몰라도 레이우엔훅이 발견한 미생물은 너무나 단순한 생물이기 때문에 자연 상태에서 저절로 생겼을 거야.'

게다가 1745년 영국의 존 니덤 신부는 미생물의 자연발생설을 뒷받침해 주는 실험을 했다. 그는 닭고기 수프를 끓이자마자 유리병에 담고 유리병 입구를 코르크 마개로 단단히 막았다. 그런데 며칠 후에 그 유리병 안에 미생물이 생겼다. 이것을 본 니덤 신부는 닭고기 수프에서 미생물이 저절로 생겼다고 주장했다.

하지만 20여 년 후에 이탈리아의 라차로 스팔란차니는 니덤이 스프를 끓인 다음에 공기에서 미생물이 들어갔기 때문에 니덤의 실험은 잘못되었다고 주장했다. 그리고 그는 밀봉한 상태로 끓인 고기 수프에서는 미생물이 생기지 않는다는 사실을 실험으로 보여주었다. 하지만 니덤은 그의 실험 결과를 받아들이지 않았다.

이와 같이 자연발생설과 생물속생설에 대한 논쟁은 끝없이 이어졌다. 하지만 이러한 논쟁에 종지부를 찍은 사람이 나타났다. 그는 바로 프랑스의 화학자 루이 파스퇴르Louis Pasteur이다. 1862년 파스퇴르는 유명한 실험을 했다. 그는 플라스크에 고기 수프를 넣고 플라스크의 목 부분을 길게 늘려 S자 모양으로 구부렸다. 그리고 플라

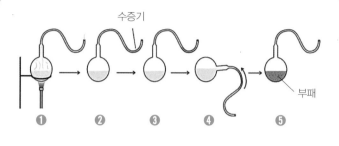

수증기

부패

① ② ③ ④ ⑤

■ 파스퇴르의 실험

① 고기 수프를 플라스크에 넣고 플라스크 목 부분을 길게 늘려 S 모양으로 구부러뜨린 다음 고기 수프를 끓인다.

② 수프가 끓일 때 나온 수증기가 플라스크 목 부분을 지나면서 물방울이 맺히고, 플라스크가 식으면 플라스크 목 부분에 물이 고인다.

③ 이 플라스크 안의 고기 수프에는 한 달이 지난 후에도 미생물이 생기지 않는다.

④ 플라스크를 기울여서 고기 수프가 구부러진 목 부분까지 흐르게 했다가 다시 원래 위치에 놓는다.

⑤ 얼마 지나지 않아 고기 수프가 미생물에 오염되어 부패한다.

스크를 가열해 고기 수프를 끓였다. 수프가 끓을 때 나온 수증기가 플라스크의 구부러진 목 부분을 지나면서 물방울을 맺혔다. 나중에 플라스크가 식자 플라스크의 목 부분에 물이 고였다. 이 물이 플라

스크 안으로 들어오는 외부 공기를 막았다. 그러자 이 플라스크 안의 고기 수프에는 한 달이 지난 후에도 미생물이 생기지 않았다.

파스퇴르는 이 플라스크를 기울여서 고기 수프가 구부러진 목 부분까지 흐르게 했다가 다시 원래 위치에 놓았다. 그러면서 플라스크 목 부분에 있던 물이 플라스크 안으로 들어가 버렸다. 그러자 얼마 지나지 않아 고기 수프가 미생물에 오염되어 부패하기 시작했다.

이 실험은 외부에 있는 미생물이 플라스크의 구부러진 목 부분에 있던 물에 막혀 고기 수프 안으로 못 들어갔기 때문에 고기 수프 안에 미생물이 생기지 않았음을 보여주었다. 파스퇴르는 아무리 하찮아 보이는 미생물이라도 저절로 생기지 않고 반드시 이미 존재했던 미생물로부터 발생한다는 것을 증명했다. 이 실험으로 사람들은 자연발생설이 틀렸고 생물속생설이 옳았음을 알게 되었다.

병을 일으키는 세균의 발견

우리 주변에 눈에 보이지 않는 미생물이 있고 그로 인해 음식물이 부패한다는 사실이 알려지면서 일부 과학자들은 미생물이 질병을 일으킨다고 주장했다. 그 중에는 독일의 의사인 로베르트 코흐

Heinrich Hermann Robert Koch도 있었다.

당시 유럽에서는 탄저병이라는 전염병이 유행하고 있었다. 탄저병은 소나 말과 같은 초식동물이 주로 걸리는데, 탄저병에 걸리면 며칠을 견디지 못하고 죽었다. 가끔 사람도 감염되어 목숨을 잃는 무시무시한 병이었다. 코흐는 탄저병의 원인을 찾기 위해 연구 중이었다. 그러던 중 1876년에 코흐는 탄저병으로 죽은 가축의 피에서 막대 모양의 미생물을 발견했다. 그리고 이것이 건강한 가축의 피에서는 발견되지 않는다는 사실을 알아냈다. 코흐는 이것이 탄저병의 범인이라고 생각했다.

'이 미생물 때문에 가축들이 탄저병에 걸렸을 거야.'

코흐는 자기 생각을 확인하기 위해 탄저병에 걸린 동물에서 뽑은 피를 건강한 동물에게 주사했다. 그러자 주사를 맞은 동물은 탄저병에 걸렸다. 그는 이 실험을 여러 번 반복했는데, 매번 같은 결과가 나왔다. 코흐는 병을 일으키는 미생물인 탄저균을 처음으로 발견한 것이다. 코흐는 탄저병으로 죽은 동물을 불에 태우거나 땅속 깊이 묻어야 탄저균의 전염을 막을 수 있다고 주장했다. 그의 연구 덕분에 당시 농민들을 괴롭히던 탄저병의 유행을 막을 수 있었다.

코흐는 질병마다 질병의 원인이 되는 미생물이 있다고 생각했다. 그리고 미생물을 동물이나 사람의 몸이 아닌 실험실에서 키우는 방법을 찾으려 했다. 그는 연구 끝에 한천을 끓인 다음 식혀서 젤리 모양의 배지culture medium를 만들었다. 배지는 미생물이나 동식물의 조직을 배양하기 위해 필요한 영양물질을 넣어 혼합한 것을 말한다. 한천은 해조류인 우뭇가사리로 만든 식품인데, 한천 배지는 미생물들이 번식하기에 딱 좋은 재료이다. 그리고 그의 조수는 이 한천 배지를 담을 둥글고 납작한 용기를 만들었다. 그 용기가 바로 페트리 접시이다. 한천 배지와 페트리 접시는 지금도 실험실에서 세균을 키울 때 사용하고 있다.

코흐는 탄저병 연구 결과를 발표하면서 미생물이 어떤 질병의 원인으로 인정받기 위한 원칙을 제시했다.

첫째, 어떤 한 가지 질병에 걸린 모든 동물이나 환자에게서 같은 미생물이 발견되어야 한다.

둘째, 그 미생물을 분리해 순수하게 키울 수 있어야 한다.

셋째, 이렇게 키운 미생물을 건강한 실험동물에 주입하면 같은 질병이 생겨야 한다.

넷째, 감염된 실험동물에게서 다시 같은 미생물을 분리할 수 있어야 한다.

이것을 '코흐 원칙'이라고 부른다. 오늘날에도 어떤 미생물이 어떤 질병의 원인이라는 것을 인정받으려면 4가지 원칙에 모두 맞아야 한다.

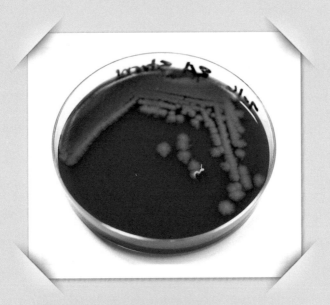

한천 배지가 든 페트리 접시에 배양된 세균

코흐는 질병마다 질병의 원인이 되는 미생물이 있다고 생각했다. 그리고 미생물을 동물이나 사람의 몸이 아닌 실험실에서 키우는 방법을 찾으려 했다. 그는 연구 끝에 한천을 끓인 다음 식혀서 젤리 모양의 배지를 만들었다.

코흐는 1882년에 결핵균을 발견하고, 1884년에는 콜레라균을 발견했다. 그래서 '세균학의 아버지'라 불리게 되었다. 1905년에는 결핵균을 발견한 공로로 노벨 생리의학상을 받았다.

바이러스의 발견

1892년, 질병을 일으키는 다양한 세균들이 발견되고 있을 때였다. 러시아의 미생물학자 드미트리 이바노프스키는 담배모자이크병을 일으킨다고 생각되는 세균을 세균여과기로 걸러내고 있었다. 담배모자이크병은 담배와 같은 가지과 식물에 쉽게 감염되는 병이다. 이바노프스키는 이 병이 세균에 의해 감염되는 것으로 생각했다. 당시 발견된 모든 세균은 세균여과기로 걸러낼 수 있었다. 그래서 세균여과기로 걸러낸 액체에는 세균이 없는 게 당연했는데 액체에서 담배모자이크병을 일으키는 병원체가 발견되었다. 세균이 세균여과기를 통과한 것이다.

'그렇다면 이 세균은 세균여과기 필터 구멍보다 작다는 건데…?'

이바노프스키는 담배모자이크병을 일으키는 세균이 매우 작은 세균이라고 생각했다. 당시는 지금처럼 현미경이 발달하지 못했기 때문에 세균보다 훨씬 작은 바이러스의 존재는 알지 못했다. 이바노프스키가 세균여과기 필터 구멍보다 작은 세균이라고 생각한 것이 바로 담배모자이크 바이러스이다. 이것이 인류가 최초로 발견한 바이러스이다.

1898년 네덜란드의 미생물학자 베이에링크는 이바노프스키의 실험을 다시 시도해 보았다. 그런데 그는 실험 결과를 보고 담배모자이크병이 세균이 아닌 다른 것에 의해 일어난다고 생각하고 이것을 '바이러스'라고 이름 지었다. 바이러스는 '병'과 '독'이라는 뜻을 지닌 라틴어이다.

1917년 프랑스 미생물학자 펠릭스 데렐은 파스퇴르 연구소에서 이질균을 배양하고 있었다. 그는 이질균이 자라는 배양액에 이질 환자의 변을 세균여과기로 여과해 생긴 액체를 넣었다. 그런데 다음날 배양액이 맑아졌다. 이것은 이질균들이 파괴되었다는 의미였다. 이질균이 자라는 배지에도 여과액을 뿌렸더니 여과액이 떨어진 곳에 투명한 반점이 보였다. 그는 여과액에 있는 무엇인가가 이질균을 파괴했다고 생각하고, 그것을 세균을 뜻하는 박테리아와 '먹어치우다'의 그리스어인 '파지'를 합쳐 '박테리오파지bacteriophage'라고 이름 지었다. 훗날, 이 박테리오파지는 세균을 숙주로 삼는 바이러스로 밝혀졌다.

20세기 들어서면서 과학자들은 바이러스의 정체를 밝히기 위해 노력했다. 바이러스가 세균보다 작은 미생물이라고 주장하는 과학자도 있었고, 생명체가 아닌 일종의 단백질이라고 주장하는 과학자도 있었다. 그러다가 1950년대에 생물의 유전 물질이 '핵산'이라는 화학 물질로 밝혀지면서 바이러스에 대한 평가가 바뀌기 시작했다. 바이러스가 단순한 단백질이 아니라 단백질 껍질 속에 핵산이 있는 구조라는 게 밝혀졌기 때문이다.

세균의 구조와 모양

세균은 흔히 '박테리아'라고 부른다. 박테리아는 세균을 뜻하는 영어인데 '작은 막대'를 뜻하는 그리스어서 유래했다. 처음 현미경을 이용해 발견된 세균이 막대 모양이었기 때문이다.

세균은 크기가 보통 0.2~10μm마이크로미터이다. 동물의 세포보다 훨씬 작다. 동물 세포의 크기가 축구장이라면, 세균의 크기는 골대 정도다. 참고로 μm는 mm의 1,000분의 1이다.

세균의 모양은 막대 모양, 공 모양, 나선 모양 등으로 다양하다. 그리고 많은 세균에 길고 가느다란 꼬리가 있는데, '편모'라고 불리는 이 꼬리를 움직여 이동할 수 있다.

세균은 세포 하나가 독립된 생명체인 단세포 생물로 매우 간단한 구조를 가졌다. 거의 모든 세균이 겉에 세포벽을 가지고 있고,

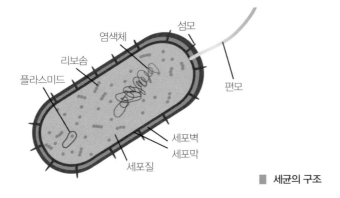

플라스미드　리보솜　염색체　섬모

편모

세포벽
세포막

세포질

■ **세균의 구조**

그 안쪽에 세포막이 있다. 그런데 동물이나 식물 세포와 달리 세균에는 미토콘드리아나 엽록체 등과 같은 세포 소기관이 없다.

　세균의 가장 큰 특징 중 하나는 핵막이 없다는 것이다. 그래서 핵 속에 있어야 할 염색체가 세포질에 그대로 노출되어 있다. 이러한 생물을 '원핵생물'이라고 부른다. 반면에 세포 안에 핵막이 있는 제대로 된 핵을 가진 생물을 '진핵생물'이라고 부른다. 참고로 대부분의 생물은 진핵생물이다.

　또한, 세균은 세포질에 염색체 외에 별도의 유전 정보를 지닌 고리 모양의 DNA가 있다. 이것을 '플라스미드 plasmid'라고 부르는데, 세균이 살아가는 데 꼭 필요한 유전자는 아니다. 그런데 플라스미드는 다른 세균의 세포 안으로 옮겨갈 수 있는 능력이 있다.

　대부분의 세균은 죽은 생명체나 생명체가 만든 유기물을 분해하며 살아간다. 하지만 남세균과 같은 세균은 식물처럼 광합성을 하고 어느 정도 커지면 세포 분열처럼 몸을 두 개로 나누어 증식을 한다. 이런 증식 방법을 '이분법'이라고 부른다.

바이러스의 정체

하나의 세포로 이루어진 세균과 달리 바이러스는 세포로 이루어지지 않았다. 바이러스는 핵산과 그것을 둘러싸는 단백질 껍질만으로 이루어진 매우 단순한 구조다. 핵산이 바로 유전자를 이루는 화학 물질이다.

핵산은 DNA와 RNA로 나누는데, 대부분 생물이 DNA를 유전 정보를 저장하는 유전자로 쓰고 있다. 그런데 바이러스는 유전 정보를 저장하는 물질로 DNA보다 RNA를 쓰는 경우가 더 많다. 그래서 유전 물질이 DNA인 바이러스를 'DNA 바이러스', 반대로 유전 물질이 RNA인 바이러스를 'RNA 바이러스'라고 부른다.

바이러스의 크기는 대개 0.02~0.3 μm로 세균보다 50배 이상 작다. 동물 세포의 크기가 축구장이라면 바이러스는 축구공보다 작다. 그래서 광학현미경으로는 볼 수 없고 전자현미경으로 볼 수 있다.

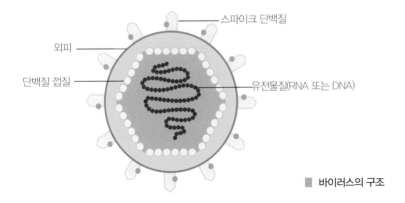

스파이크 단백질

외피

단백질 껍질

유전물질(RNA 또는 DNA)

■ **바이러스의 구조**

바이러스는 생명체의 특징인 영양분을 먹고 에너지 만드는 일을 하지 않고 스스로 증식도 못한다. 그러다가 숙주가 되는 다른 생명체의 세포 안에 들어가면 자신과 같은 모습의 바이러스를 복제해낸다. 따라서 숙주가 없을 때 바이러스는 핵산과 단백질로 이루어진 단순한 화학물질 덩어리에 불과해 무생물이라고 할 수 있다. 이러한 성질 때문에 바이러스가 생물과 무생물 사이에 있다고 보는 과학자들도 있다.

바이러스가 자신을 복제하려면 다른 생명체 세포 안으로 들어가야 하는데, 아무 세포에나 침입할 수 있는 건 아니다. 바이러스 표면의 구조와 세포 표면의 구조가 열쇠와 열쇠 구멍처럼 서로 맞아야만 한다. 지금까지 밝혀낸 바이러스의 종류는 5,000여 개가 넘는데, 이들이 감염시킬 수 있는 숙주 생물이 다르다. 예를 들어 개가 아무리 인간과 밀접하게 생활해도 인간에게 전염되는 감기 바이러스는 개에게 전염되지 않는다. 하지만 개는 인간의 감기와 비슷한 증상을 일으키는 다른 바이러스에 감염된다.

바이러스가 세포 안으로 침투에 성공하면, 자신의 단백질 껍질을 숙주세포의 단백질과 합치고, 단백질 껍질 안에 있는 유전자인 RNA나 DNA를 방출한다. 그다음, 숙주세포의 효소를 이용해 자신의 RNA나 DNA를 다량 복제하고, 이 유전자의 유전 정보를 이용해 자신의 단백질 껍질을 만들어낸다. 이 과정을 통해 같은 모습의 새로운 바이러스들이 많이 만들어져 세포 밖으로 방출된다. 방출된 바이러스는 새로운 세포 안으로 침투해 같은 방법으로 자신과 같은 바이러스를 퍼뜨린다.

세균은 생물에게 병을 일으키기도 하지만 이로움을 주는 경우가 더 많다. 그런데 바이러스는 숙주가 되는 생물에게 침투해 자신과 같은 바이러스를 퍼뜨리기 때문에 대부분 생물에게 병을 일으킨다. 그래서 숙주 생물에게 이로움을 주는 바이러스가 과연 있는지 과학자들은 궁금증을 가졌다.

노벨상을 받은 생물학자인 영국의 피터 메더워Peter Brian Medawar는 바이러스를 '단백질로 둘러싸인 안 좋은 소식'이라고 말하기도 했다. 그런데 달리 생각하면 질병의 원인을 찾다가 새로운 바이러스를 발견하는 경우가 대부분이기 때문에 그동안 병을 일으키는 바

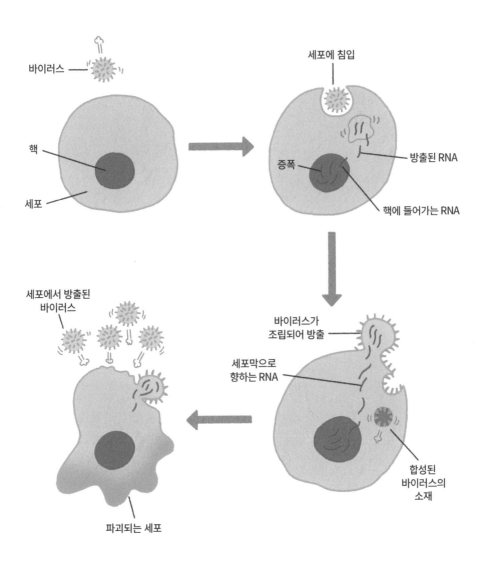

바이러스

핵

세포

세포에 침입

방출된 RNA

증폭

핵에 들어가는 RNA

바이러스가
조립되어 방출

세포막으로
향하는 RNA

합성된
바이러스의
소재

세포에서 방출된
바이러스

파괴되는 세포

■ 바이러스 감염

이러스만 발견되었는지 모른다. 최근에는 숙주 생물에게 이로움을 주는 바이러스가 발견되기도 했다. 일부 과학자들은 아직 발견되지 않은 바이러스 중에는 숙주 생물과 사이좋게 공생하는 것도 있을 것으로 추측한다.

그 밖에 다른 미생물들

미생물에는 세균과 바이러스가 아닌 다른 생명체도 많다. 제대로 된 핵을 가진 진핵생물 중에도 미생물이 있다. 원생생물과 곰팡이, 효모 등이다.

원생생물은 진핵생물 중 가장 단순한 생물로 물이 풍부한 곳에 산다. 종류가 매우 다양해 동물과 식물의 종류를 다 합친 것보다 많다. 대부분 단세포 생물이지만 세균과 달리 세포 안에 핵막으로 둘러싸인 핵이 있고 미토콘드리아나 골지체 등과 같은 소기관도 있다.

원생생물은 엽록소가 있어 스스로 영양분을 만드는 '식물성 원생생물'과 영양분을 먹어야 살 수 있는 '동물성 원생생물'로 나뉜다. 식물성 원생생물에 속하는 단세포 미생물로는 미세조류가 있다. 미세조류는 지구 생명체에게 매우 중요한 생물로, 광합성을 해 대기

중 산소의 약 절반을 만든다. 미세조류 중에는 규조류가 잘 알려져 있다. 규조류는 광합성을 하는 플랑크톤으로 바다 생물에게 중요한 먹이가 된다. 반면에 동물성 원생생물은 짚신벌레, 아메바 등이 잘 알려진 것이고 동물에 기생하는 것도 있다. 인간의 몸에 기생해 말라리아를 일으키는 말라리아 원충이 대표적이다.

곰팡이를 현미경으로 보면 길쭉한 세포들이 줄 모양으로 연결되어 실과 같은 모양을 하고 있다. 이것을 '균사'라고 부르고 이렇게 실처럼 자라는 곰팡이를 '사상균'이라고 한다. 그런데 곰팡이가 미생물이기는 하지만 많이 모여 있으면 눈으로 볼 수 있다. 어둡고 습기 찬 지하실 벽에 검게 핀 곰팡이와 오래된 음식물에 핀 곰팡이처럼 말이다.

그런데 장마철이 지난 후 옷장 안 깊숙한 곳에 핀 곰팡이를 보면, 어떻게 들어왔는지 궁금해진다. 사실 공기 중에는 우리 눈에 보이지 않지만 무수한 곰팡이 포자가 떠다닌다. 곰팡이는 포자로 번식하기 때문이다. 그렇다고 너무 두려워할 필요는 없다. 대부분은 우리에게 아무런 해를 입히지 않는다. 포자는 옷감에 잘 달라붙기 때문에 우리도 모르게 옷에 붙어 집 안으로 들어오는 것이다. 곰팡이는 습기를 좋아하고 건조한 환경을 싫어한다. 장마철처럼 습기가 많을 때는 아무리 깊숙한 곳이라도 곰팡이가 피기 쉽다.

곰팡이는 주로 죽은 동·식물을 분해해 얻은 영양분으로 살아간다. 곰팡이는 다른 미생물들이 분해하지 못하는 물질도 곧잘 분해한다. 그래서 생명체가 살기 어려운 곳에서도 습기가 있으면 곰팡이가 핀다. 안경 렌즈의 표면을 녹여 먹고 사는 곰팡이도 있다.

효모는 곰팡이와 비슷한 무리이지만 단세포 생물이고 균사가 없다. 그 크기는 약 $5\mu m$로 보통 세균보다는 훨씬 크다. 효모를 뜻하는 영어는 이스트yeast인데, '끓는다'라는 뜻의 그리스어에서 유래했다. 이 말은 효모와 어떤 관계가 있을까?

아주 오래전부터 사람들은 효모를 이용한 발효로 맥주와 빵을 만들었다. 효모 발효는 이산화탄소가 발생해 거품이 많이 생기는데, 이 거품을 보고 사람들이 끓는다고 생각해서 이렇게 이름을 지었다.

미생물의 놀라운 역할

지구에 사는 모든 생물은 먹고 먹히는 먹이 그물로 연결되어 있다. 먹이 그물은 생물을 생산자와 소비자 그리고 분해자로 구분한다. 생산자는 태양 에너지를 이용해 영양분을 만들어내는 생물로 식물과 광합성을 하는 플랑크톤 등이 있다. 소비자는 다른 생물을 먹어 영양분을 얻는 생물이다. 그리고 분해자는 죽은 생명체와 생명체가 만든 물질을 분해하는 생물이다. 세균과 곰팡이와 같은 미생물은 분해자에 속한다.

생산자와 소비자를 포함한 모든 생명체는 언젠가는 죽음을 맞이하는데, 죽은 생명체가 남긴 물질을 분해자가 분해해야 생산자가 영양분을 만드는 원료로 사용할 수 있다. 결국, 세균과 곰팡이 등의 미생물은 생물의 세계에서 살아 있는 생물과 죽은 생물을 연결하는 역할을 하는 셈이다.

그런데 바이러스는 다른 미생물과 다르다. 바이러스는 먹이 섭취를 하지 않고 살아 있는 다른 생명체 세포 안에 들어가 자신을 복제한다. 분해자의 모습과는 거리가 멀다. 그런데 인간 게놈의 해독이 완료되고 다양한 생물의 게놈이 밝혀지면서 시선을 끄는 것이 있었다. 다른 생물 종 사이에서 DNA 이동이 자주 일어났음을 알려주는 증거들이다. 이것은 바이러스 때문에 가능하다. 같은 바이러스가 여러 종의 생물을 감염시킬 수 있다.

예를 들어 인플루엔자 바이러스는 조류와 포유류 모두를 감염시킨다. 그러면서 양쪽의 DNA를 이동시킬 수 있다. 숙주세포에 들어간 바이러스는 증식하는 과정에서 숙주의 유전 물질 일부를 자신의 유전 물질에 끼워 넣을 수 있고, 이 바이러스가 다시 다른 종의 생물을 감염시키고 증식하는 과정에서 이전 숙주에서 온 유전 물질을 다른 종의 유전 물질에 끼워놓을 수 있다.

이렇게 다른 생물 종 사이에서 DNA 이동이 자주 일어나면, 돌연변이가 일어날 확률이 높아진다. 돌연변이가 자주 일어나면 생물이 진화하는 데 매우 유리하다. 결국, 바이러스는 생물 진화에 큰 영향을 끼쳤을 가능성이 있다.

세균학의 아버지, 로베르트 코흐

로베르트 코흐는 1843년 12월 독일의 한 산골 마을에서 태어났다. 그는 5살 때 신문을 보고 글을 깨우칠 정도로 똑똑했다. 코흐의 꿈은 세계를 여행하는 자연과학자였다. 고등학교를 졸업한 후 괴팅엔 대학에서 의학을 공부해 의사가 된 코흐는 수년 동안 각지를 다니며 경력을 쌓았다.

1870년 독일과 프랑스 사이에 보불전쟁이 일어나자 모험을 좋아했던 그는 군의관으로 참전해 많은 부상병을 치료했다. 하지만 결혼을 한 후에는 조용한 시골의 의사가 되어야 했다. 사랑하는 여자와 결혼하기 위해 시골 마을의 의사로 살겠다고 약속했기 때문이다. 하지만 여행과 모험을 좋아하는 코흐에게 그 생활은 따분하고 지루했다. 그런 그가 안타까웠는지 아내는 현미경을 선물했다.

"여보, 이 현미경으로 미생물과 세포를 연구해 보세요."

"오, 고마워. 그러지 않아도 요즘 미생물이 의학계에 아주 중요한 논쟁거리인데, 나도 본격적으로 연구를 시작해봐야겠어."

당시는 루이 파스퇴르의 생물속생설을 증명하는 실험이 있었던 직후라 미생물이 사람에게 질병을 일으킨다는 학설이 학자들 사이에서 크게 지지를 받고 있었다. 코흐도 그 학설을 지지했다.

아내가 선물한 현미경은 코흐를 새로운 세계로 안내했다. 그는 현미경으로 미생물을 관찰하며 연구에 푹 빠져 지냈다. 그러다 인생을 바꿀 기회가 찾아왔다. 당시 독일에는 탄저병이 유행했는데, 코흐가 현미경으로 탄저병균을 발견한 것이다.

로베르트 코흐

그는 1876년에 내용을 정리해 논문으로 발표했다. 이것은 세균이 전염병을 일으켰음을 알리는 최초의 논문이었다.

이때부터 코흐는 한 종류의 병원균만 배양하는 방법을 연구하기 시작했다. 그는 세균 연구의 기초를 세우고 미생물이 어떤 질병의 원인으로 인정받기 위한 원칙인 '코흐의 4대 원칙'을 세웠을 뿐 아니라 멸균법도 알아냈다. 멸균법은 당시 미생물 연구실이 세균 오염에서 벗어나는 데 큰 역할을 했다. 이 방법은 현재도 사용되고 있다.

1880년, 독일 정부는 코흐의 능력을 인정하고 처음 설립된 베를린 국립보건연구소 초대 소장으로 임명했다. 연구소 소장이 된 코흐는 이번에는 결핵을 일으키는 세균을 찾기 위해 노력을 기울였다. 당시 결핵은 많은 사람의 목숨을 앗아간 아주 위험한 질병이었다. 결국, 코흐는 1882년 베를린 병리학회에 결핵을 일으키는 세균을 찾아냈다고 발표했다.

그리고 당시 전 세계로 퍼지던 콜레라의 원인을 알아내기 위해 제자들과 함께 콜레라가 창궐하는 도시인 알렉산드리아로 갔다. 1883년, 코흐의 연구팀은 콜레라를 일으키는 세균을 찾아내고 감염경로도 밝혔다. 콜레라 예방법도 발표했다.

결핵균을 발견한 후 결핵 치료 방법을 찾기 위해 고군분투하던 코흐는 당시 과학 지식의 한계로 치료 방법을 알아내지는 못했지만, 피부 반응을 통해 손쉽게 결핵 환자를 찾아낼 수 있는 '투베르쿨린 반응 요법'을 개발했다. 이 요법은 전 세계로 퍼져 결핵 진단을 위해 사용되었다.

이렇게 코흐가 노력한 덕분에 베를린 국립보건연구소는 프랑스의 파스퇴르 연구소와 함께 세균 연구의 중심지가 되었고, 전 세계의 뛰어난 과학자들이 모이는 곳이 되었다. 이 연구소는 세균학 발전에 큰 공헌을 했다. 그리고 코흐는 1905년 결핵균 발견 공로로 노벨상을 받았다. 그 후, 이 연구소의 코흐 제자 몇 명도 노벨상을 받았다.

여행과 모험을 좋아하는 그는 독일에만 머물러 있지 않았다. 그는 1904년에 당시 독일 식민지였던 동아프리카로 가서 아프리카 재귀열을 일으키는 병원균과 전염경로를 밝혀냈을 뿐 아니라 체체파리에 물려서 생기는 '수면병'을 연구하고 연구 결과와 치료법도 발표했다. 1908년에는 세계 여행을 떠나 아시아에 머무르기도 했다. 그러다가 2년 뒤 협심증으로 세상을 떠났다.

02

세균과
바이러스의
종류와 진화

세균의 분류

　과학자들은 이 세상의 세균 종류가 적어도 수백만 종에서 수천만 종에 이르리라 추측하고 있다. 하지만 이제까지 발견되어 이름을 얻은 세균은 1만 6천여 종에 불과하다. 이렇게 발견된 세균들은 너무나 다양한 모습으로 살아가고 있다. 산소를 좋아하는 종류가 있으면 싫어하는 종류도 있고, 높은 온도를 좋아하는 종류가 있으면 낮은 온도를 좋아하는 종류도 있다. 또 종류별로 바다, 민물, 토양, 동물의 소화관 등 서식처도 매우 다양하다. 영양분을 얻는 방법도 제각각이다. 식물처럼 광합성으로 영양분을 얻기도 하고, 동물처럼 유기물을 분해해서 영양분을 얻기도 한다. 심지어는 암모니아, 황, 황산 등의 무기물을 분해해서 영양분을 얻는 종류도 있다. 이렇게 다양한 세균을 어떻게 종류별로 나눌 수 있을까? 그 방법을 알기 전에 먼저 생물을 종류별로 나누는 생물 분류에 대해서 알아야 한다.

　생물의 종류를 비슷한 점과 다른 점에 따라 정리하고 무리 짓는 일을 '분류'라고 하는데, 오래전부터 과학자들은 생물 분류를 위한 분류 체계를 세워놓았다. 생물의 분류 체계는 계, 문, 강, 목, 과, 속, 종으로 나눈다. 이 분류 체계는 우리가 사용하는 주소 체계와 비슷하다. 대한민국(나라) 서울특별시(시) 마포구(구) 공덕동(동) 50번지라는 주소처럼 아래로 내려가면서 여러 갈래로 잘게 나눈다. 예를 들어 호랑이는 동물(계), 척삭동물(문), 포유류(강), 식육(목), 고양이(과), 범(속), 호랑이(종)으로 분류한다. 큰 특징에서 시작해 세부적인 특징으로 나뉘는데 분류 체계의 가장 아래쪽에 있는 '종'은 생물 분류의 기본 단위로 서로 가장 비슷한 특성을 가진 생물 무리이다.

현재 생물을 분류하는 방법은 여러 가지가 있지만, 크게 5개의 집단으로 분류한다. 원핵생물계, 원생생물계, 균계, 식물계, 동물계의 5개이다. 그러면 세균은 이 중 어디에 속할까? 이름이 비슷하니까 균계라고 생각하기 쉽다. 하지만 '균계'의 균은 진균이라고도 부르는데, 진균은 세균과는 다르다. 곰팡이가 진균에 속한다. 이미 앞에서 이야기했지만, 세균은 원핵생물계에 속한다.

그런데 세균 중에서 일반 세균과 다른 특징을 가진 무리가 발견되었다. 이 무리는 세균과 겉모습이 비슷해 보이지만 아주 작은 분자 크기에서 살펴보면 진핵생물에 더 가깝다. 그래서 이 무리는 세균에 포함하지 않고 하나의 독립된 무리로 분류해 고세균이라 이름을 붙였다. 그 후, 과학자들은 지금까지 알려진 가장 큰 생물 무리인 '계' 위에 더 큰 무리인 '도메인'이라는 그룹을 만들고, 생물을 3개의 도메인으로 나누기도 한다. 3개의 도메인은 진핵생물 도메인, 세균 도메인 그리고 고세균 도메인이다.

그람양성균과 그람음성균

눈에 보이지도 않고, 너무나 다양한 모습으로 살아가는 세균을 기존 생물 분류 체계에 따라 분류하는 건 쉬운 일이 아니다. 새로운 세균이 하나둘 발견되던 19세 후반에는 과학기술이 발달하지 못해 분류가 더욱 힘든 일이었다. 그때는 세균을 현미경으로 관찰하고 모양에 따라 단순하게 분류했다.

그러다가 1884년 덴마크 의사인 크리스티안 요아힘 그람이 세균을 크게 두 부류로 분류하는 방법을 발견했다. 내과의사인 그람은 폐렴균을 관찰하기 위해 폐렴으로 죽은 환자의 폐에서 떼어낸 폐 조직 일부를 유리 슬라이드 위에 올려놓았다. 그리고 폐 조직이 잘 보이도록 보라색 염료로 염색했다. 폐 조직과 함께 그 안에 있는 세균들도 보라색으로 염색되었다. 그런 다음 세균을 더 잘 보기 위해서 염색된 조직을 알코올로 씻어냈다.

"폐 조직에 붙은 염료를 제거하면 세균이 더 잘 보일 거야."

그람은 현미경으로 관찰했다.

"어? 염색된 세균들을 알코올로 씻어냈는데 보라색을 그대로 유지하는 것도 있고 보라색이 없어진 것도 있네?"

그람은 알코올로 씻어낸 후에도 보라색 염색을 그대로 유지한 세균을 '그람양성균'이라 이름을 붙였고, 그렇지 않은 세균을 '그람음성균'이라 이름을 붙였다. 이 세균 염색법을 '그람염색법'이라고 하는데, 그람염색법은 세균을 크게 두 부류로 분류하는 과학적인 방법이다. 염색된 세균을 알코올로 씻었을 때 세균 세포벽의 구조 차이로 인해 염색이 없어지기도 하고 염색이 그대로 유지하기도 한다. 결국, 그람염색법은 세균을 세포벽의 구조 차이로 분류하는 셈이 된다.

세균의 세포벽은 펩티도글리칸peptidoglycan이라는 물질로 이루어졌는데, 그람양성균은 이 물질이 여러 겹으로 쌓여 두껍고 단단한 세포벽을 이룬다. 반면에 그람음성균은 이 물질이 보통 한두 겹만으로 이루어진 대신에 바깥에 막이 있어 얇은 세포벽을 감싸고 있다. 이 막이 알코올에 녹기 때문에 그람음성균은 염색된 보라색이 없어진 것이다.

그람염색법은 세균의 정체를 파악하고 세균을 분류할 때 매우 중요하게 사용된다. 세균을 그람양성과 그람음성으로 나눈 다음 '문'으로 시작되는 생물 분류 체계를 적용할 수 있기 때문이다.

세균을 분류하는 방법

과거에는 단순히 현미경으로 관찰한 모양에 따라 세균을 분류했

다. 세균은 대부분 단순한 모양으로 생겼다. 동그랗게 생긴 세균은 구균, 막대 모양으로 생긴 세균은 간균 또는 막대균이라 부르고, 완전히 둥글지도 않고 막대 모양도 아닌 어중간한 모습인 경우에는 구간균이라 불렀다. 그리고 구불구불한 나선 모양의 세균은 나선균이라 불렀다.

또 세균들이 모여 있는 모양에 따라서도 구분했다. 예를 들어 구균 두 개가 쌍을 이룬 경우에는 쌍구균, 구균이 포도송이처럼 모여 있는 경우에는 포도상구균, 구균이 일렬로 연결된 경우에는 연쇄상구균이라 불렀다. 마찬가지로 쌍간균, 연쇄상간균도 있다.

그 후, 과학의 발달로 생물의 유전 구조가 밝혀지면서 새로운 방법으로 세균을 분류하기 시작했다. 1990년 미국의 미생물학자 칼우즈Carl Woese는 세균이 가진 특정 유전 물질을 비교 분석해 세균을 분류하는 방법을 제안했다. 이 방법은 세균 분류에 가장 중요한 기준이 되었다.

현재 새롭게 발견된 세균을 분류하는 방법은 다음과 같다.

① 세균의 특정 유전 물질을 비교 분석한다.

② 현미경으로 세균 모양을 관찰하고 세포벽이나 세포막의 구성을 조사한다.

③ 그 세균이 영양분을 얻는 방법이나 효소 작용 방법 등을 조사한다.

세균을 분류하기 위해서는 생화학적, 생리학적 분석이 모두 필요하다. 이러한 과정을 거쳐 새로운 종류의 세균으로 인정받으면, 세균을 발견한 사람뿐 아니라 다른 사람도 그 세균을 배양할 수 있어야 한다. 이 과정을 모두 거친 후 세균의 이름이 정해지고 어느 무리에 속하는지도 결정된다.

현재 세균은 약 30개의 문으로 나뉜다. 이 중에 우리에게 잘 알려진 세균 대부분은 몇 개의 문에 집중된다. 대장균과 식중독을 일으키는 살모넬라균, 비브리오균, 그리고 무서운 전염병을 일으키는 콜레라균과 우리 위 속에 사는 헬리코박터균 등이 프로테오박테리아 문에 속한다. 프로테오박테리아는 그리스 신화에 나오는 신인 프로테우스에서 유래한 이름이다. 참고로, 프로테우스는 자신의 모습을 자유롭게 바꾸는 능력이 있다. 프로테오박테리아 문에는 3,000종 이상의 그람음성균이 속한다. 그리고 방선균 문에는 그람양성균들이 속하는데, 주로 토양에 사는 세균이 많다. 이들은 항생물질을 만들어내는 종류가 많아 과학자들은 이것을 이용해 새로운 항생제를 개발하기도 한다. 우리 얼굴에 여드름을 일으키는 여드름균과 무서운 질병인 결핵을 일으키는 결핵균이 방사선균 문에 속한다.

또 두꺼운 세포벽을 가진 후벽세균 문이 있는데, 각종 발효 음식을 만드는 유산균과 충치를 일으키는 충치균 그리고 식중독을 일으키는 황색 포도상구균이 여기에 속한다.

세균이면서 세균과 다른 고세균

가끔 책이나 신문에서 생물이 살기 힘든 끔찍한 환경에서 사는 미생물 이야기를 읽을 수 있다. 물이 펄펄 끓는 뜨거운 곳에서 활발하게 번식하는 종류도 있고, 염전이나 이스라엘의 사해처럼 염분 농도가 높은 곳에서 살아가는 미생물도 있다. 심지어는 바다 밑바닥 깊은 땅속에서 발견된 미생물도 있다. 이런 특별한 환경에서 발견된 미생물 대부분은 고세균이다.

앞에서 잠시 소개했지만, 고세균은 세균과 비슷하면서도 다른 원핵생물이다. 특이하게도 고세균은 원시 지구 환경과 비슷한 열악한 환경에서 자라는 종류가 많다. 그래서 '고대의' 또는 '원시의' 뜻을 가진 접두사 '고古'가 세균 앞에 붙어 고세균이라고 부른다.

고세균은 세균과 비슷하게 생겼지만 다른 점이 많다. 고세균의 세포막과 세포벽 구성 물질은 세균과 다르다. 고세균의 세포막은 조밀하고 단단해 세포를 외부로부터 강력하게 지킬 수 있다. 이것이 세균과 고세균의 가장 큰 차이다. 또한, 고세균은 일부 유전 정보를 읽을 때 관여하는 효소가 진핵생물에 더 가까운 모습을 보인다. 그리고 염색질의 구조에서도 진핵생물의 특징을 보이는 경우가 있다. 고세균은 이렇게 분자 크기에서 살펴보면 세균과 확실히 다른 종류다. 그래서 과학자들은 생물을 가장 큰 무리로 나눌 때 진핵생물, 세균, 고세균으로 나누기도 한다.

고세균은 특정 유전 물질 비교 분석을 통해 12개의 문이 알려졌다. 하지만 배양에 성공한 문은 불과 5개밖에 안 된다. 고세균은 특별한 환경에서 살아가는 경우가 많으므로 살아가는 특징에 따라 몇 가지 무리로 나뉘기도 한다. 예를 들어 초호열균과 호산성균, 호염균 등이 있다. 초호열균은 온도가 80℃ 이상이 되어야 잘 살아가는 고세균이다. 초호열균 중 하나인 파이롤로부스 퓨마리 *Pyrolobus fumarii* 는 106℃에서 가장 왕성하게 번식하고 113℃가 넘는 온도에서도 자란다. 그리고 호산성균은 높은 산성의 환경에서 살아가는 고세균이고 호염균은 소금 농도가 15~30%로 염도가 아주 높은 환경에서 사는 고세균이다. 우리나라 서해의 염전이나 이스라엘의 사해처럼 염분 농도가 높은 곳에서 살아간다.

영양분 흡수 방법에 따라 고세균의 무리를 나누기도 한다. 예를 들어 유기물을 분해해 영양분을 얻고 메탄을 만드는 메탄 생성균이 있다. 이 고세균은 산소를 싫어해 흙 속이나 호수 밑바닥 진흙이나 동물의 소화기관에서도 산다.

바이러스의 분류

세상에는 얼마나 많은 종류의 바이러스가 있을까? 현재까지 동물과 식물에서 약 5,000종의 바이러스가 발견되었다. 바이러스는 주로 가축, 누에와 벌, 일부 재배 식물 등과 같이 사람과 밀접한 관계가 있는 생물에게서 찾아낸 것이다. 사람이나 가축, 재배 식물이 걸린 병의 원인을 찾다가 그 병을 일으킨 바이러스를 발견하는 경우가 많았다.

바이러스는 동물이나 식물은 물론 세균에서도 발견된다. 남극의 얼음 아래에서도 발견되고 수천 미터 아래의 심해에서도 발견된다. 결국 세상 모든 생물에 바이러스가 있다고 할 수 있다. 우리가 아직 발견하지 못한 많은 종류의 바이러스가 있을 수 있다.

바이러스는 생물인가 무생물인가 논란이 있을 정도로 특이한 존재다. 그래서 일반적인 생물의 분류로는 힘들다. 과거에는 바이러스가 기생하는 숙주 생물을 이용해 분류하기도 했다. 동물에 기생하는 바이러스는 동물 바이러스, 식물에 기생하는 바이러스는 식물 바이러스, 세균에 기생하는 바이러스는 세균 바이러스로 분류했다. 또 소화기 바이러스, 호흡기 바이러스처럼 병을 일으키는 부위로 분류하기도 했다.

그런데 유전자 연구가 발전하면서 유전 물질의 비교를 통한 분류가 가능해졌다. 우선 유전 물질의 종류에 따라 크게 두 무리로 나눈다. 이미 앞에서 소개한 DNA 바이러스와 RNA 바이러스다. DNA 바이러스는 DNA를 유전 물질로 갖는 바이러스이고, RNA 바이러스는 RNA를 유전 물질로 갖는 바이러스이다. 그 아래 무리는 바이러스가 지닌 DNA나 RNA의 모양과 특징으로 분류한다.

세균의 탄생과 진화

세균은 어떻게 세상에 나타났을까? 세균이 지구상에서 가장 단순한 생명체이므로 이 질문은 당연히 생명의 기원에 대한 의문으로 연결된다. 그러나 이 의문을 풀어줄 수 있는 단서는 발견되지 않았다. 다만, 과학자들은 몇 가지 단서를 이용해 추리한다. 생명이 탄생하려면 먼저 지구에 유기물이 있어야 하는데 유기물은 운석 등에 의해 외계에서 들어왔다는 설과 원시 대기에 번개가 치면서 만들어졌다는 설 등 다양한 가설이 있다. 어쨌든 지구상에 유기물이 생겼고, 이를 통해 생명이 탄생했다는 것이 가장 그럴듯한 가설이다.

지구상에 있던 여러 가지 유기물은 빗물에 씻겨 호수나 바다 등에 모이고 점차 쌓여갔다. 그러면서 단백질이나 핵산과 같이 좀 더 큰 덩어리의 유기물로 발전했다. 단백질 분자들은 서로 결합해 덩어리를 이루고, 주변의 물을 끌어당겨 작은 액체 방울 모양이 되었는데, 이것을 '코아세르베이트coacervate'라고 한다. 코아세르베이트는 외부 환경과 구별되는 독립된 내부를 지녔다. 이들이 스스로 분열하고 외부와 물질을 주고받는 기능을 갖추면서 점차 원시 세포로 발전했고 세균과 같은 원핵생물이 됐다는 가설이다.

최초의 세균은 어떤 모습이었을까? 당연히 본 사람은 없을 테니 아무도 정확히 알 수는 없다. 하지만 발굴된 화석을 연구해 추측할 수는 있다. 암석이나 지층 속에 남은 과거에 살았던 생물의 흔적을 화석이라고 하는데 이것을 이용하면 과거에 살았던 다양한 생물의 모습을 알 수 있다.

지금까지 발견된 가장 오래된 화석은 남세균 또는 시아노박테리아cyanobacteria라고 불리는 세균이 남긴 35억 년 전의 화석이다. 맨눈으로는 볼 수도 없을 정도로 작은 세균이 어떻게 화석을 남길 수 있었을까? 남세균은 단세포 생물이기는 하지만 많은 수가 한곳에 모여 군집을 이루었고 이 군집의 흔적이 화석으로 남은 것이다.

남세균은 광합성을 해서 산소를 만들어내는 세균이다. 이들은 지구상에 생명체가 번성하는 데 매우 큰 역할을 했다. 생명체가 처음 생길 즈음의 지구에는 기체 상태의 산소가 없었다. 당시 생명체들은 산소가 필요 없는 무산소 호흡을 했는데 무산소 호흡은 에너지

남세균 화석
미국 와이오밍 남세균은 단세포 생물이기는 하지만 많은 수가 한 곳에 모여 군집을 이루었고 이 군집의 흔적이 화석으로 남은 것이다. ©James St. John

를 얻는 효율이 떨어졌다. 다시 말해 같은 양의 영양분으로 얻을 수 있는 에너지의 양이 적다는 말이다. 그런데 남세균이 광합성을 통해 산소를 만들어내면서 지구에 산소 기체가 생기기 시작했다. 남세균은 당시 지구 대기와 바다에 풍부했던 이산화탄소와 물 그리고 빛 에너지를 이용해 광합성으로 영양분을 만들고 산소를 배출했다. 당시 남세균은 매우 번성했다. 이들이 지구에 많은 양의 산소를 공급한 덕분에 20억 년 전부터 지구 대기의 산소 농도가 증가하기 시작했고, 약 6억 년 전에는 공기 중 산소의 양이 지금의 10% 수준까지 되었다.

지구 대기에 산소가 풍부해지면서 생명체들은 산소 호흡을 시작했다. 무산소 호흡보다 더 많은 에너지를 얻을 수 있어 매우 다양한 생명체가 나타났다. 21억 년 전 처음으로 세포 내부에 막으로 둘러싸인 핵을 가진 진핵생물이 나타났다. 진핵생물은 세균이나 고세균과 같은 원핵생물로부터 진화했다. 결국, 세균은 생물이 진화하고 번성할 수 있는 밑바탕을 만든 것이다. 다시 말해 세균이 없었다면 지구상에 지금과 같은 다양한 생물이 탄생할 수 없었을 것이다.

세포 속에 공생하는 세균

남세균 덕분에 지구 대기에 산소가 풍부해지면서 진핵생물이 나타났다. 그런데 진핵생물이 세균의 공생 때문에 탄생했다고 주장하는 과학자도 있다.

지금으로부터 20억~10억 년 전에, 고세균이 산소를 사용해 유기물을 분해할 수 있는 세균 하나를 잡아먹었는데 그 세균은 소화되지 않고 그대로 살아남는 행운이 일어났다. 이때부터 그 세균은 자신을 삼킨 고세균에게 에너지를 주고 안전한 장소와 에너지 생산에 필요한 영양분을 공급받으면서 서로 공생하게 된다. 이렇게 효율적으로 공생을 하면서 진핵생물로 발전했다는 것이다. 그리고 그 세균은 진핵생물 안에서 자리를 잡고 미토콘드리아라는 세포 기관이 되었고 그 증거로 미토콘드리아의 구조를 들고 있다. 진핵생물은 유전 정보인 DNA가 핵에 모여 있는데, 미토콘드리아도 세포 내 다른 소기관과 달리 자신만의 DNA를 가졌다. 그런데 미토콘드리아의 DNA 모양이 세균의 DNA를 닮았다. 게다가 미토콘드리아의 막은 다른 세포 기관과 달리 세포막처럼 이중막을 갖고 있다.

어쨌든 이 가설은 미토콘드리아를 갖게 된 진핵생물이 세포 안에 에너지 생산 공장 하나를 마련한 셈이므로 좀 더 복잡한 생물로 발전할 수 있었다고 주장한다. 우리 세포 속에 있는 미토콘드리아가 세균에서 유래되었다니 정말 놀라지 않을 수 없다.

또한 이 가설에 의하면, 식물의 엽록체도 광합성을 하는 세균에서 유래되었다고 한다. 약 16억 년 전에 광합성을 하는 남세균이 진핵생물 안으로 들어가 공생하기 시작했다. 남세균은 진핵생물의 세포 기관인 엽록체가 되면서 광합성을 하는 진핵생물이 탄생했고 그 진핵생물이 식물로 진화했다는 것이다. 그 증거로 식물 세포의 광합성 기관인 엽록체의 구조를 들고 있다. 엽록체는 세포 안의 기관이지만 그 안에 자신만의 DNA를 갖고 있고 DNA 모양이 미토콘드리아와 마찬가지로 원핵생물의 DNA를 닮았기 때문이다.

바이러스의 탄생

바이러스는 어떻게 탄생했을까? 이에 대한 해답을 찾으려면 아주 먼 과거에 바이러스가 남긴 흔적을 찾아야 한다. 하지만 세균보다 훨씬 작은 바이러스가 흔적을 남겼을 리 없다. 그래서 과학자들은 몇 가지 단서를 이용해 추리할 수밖에 없다. 바이러스의 유래에 대해서는 원핵생물보다 먼저 탄생했다는 가설과 원핵생물보다 나중에 탄생했다는 가설이 있다.

먼저 바이러스가 원핵생물보다 먼저 탄생했다는 가설을 살펴보

자. 가장 단순한 원핵생물도 유전자로 DNA를 사용한다. 이렇게 생명체가 DNA를 유전자로 사용하기 전에 DNA보다 단순한 구조인 RNA를 사용하는 원시생명체가 있었다는 가설이다. 이 원시생명체는 RNA와 DNA를 동시에 가진 원시생명체로 발전했다가 지금과 같은 생명체로 발전했다고 한다. 말하자면 지구 최초의 생명체인 원시세포가 발전하는 단계에서 바이러스의 선조는 과도기적인 역할을 했다는 것이다. 이런 과정에서 튀어나온 것이 지금의 바이러스라는 주장이다. 하지만 이 가설에 대한 반론이 있다. 바이러스는 숙주 생물이 있어야 후손을 복제할 수 있기 때문에 원핵생물이 생기기 전에 바이러스가 있을 수 없다는 주장이다.

다음은 바이러스가 원핵생물보다 나중에 탄생했다는 가설인데, 앞의 가설보다 많은 지지를 받고 있다. 이에 따르면, 바이러스 유래는 생물의 세포 안에 있는 어떤 특별한 유전자와 관련 있다. 이 유전자를 복제한 RNA가 우연히 단백질 막에 싸여 세포 밖으로 나가게 되면서 바이러스의 선조가 탄생했다는 것이다.

또 앞에서 소개한 지구 최초의 생명체인 원시세포가 발전하는 과정에서 바이러스의 선조가 탄생했다는 가설과 기존의 세포에서 RNA가 튀어나와 바이러스가 탄생했다는 가설을 모두 받아들여 바이러스의 종류에 따라 기원이 다르다는 주장도 있다.

진균은 어떤 생물일까?

세균이라는 이름에는 '작은 균'이라는 의미가 담겨 있다. 세균과 이름이 비슷해 보이는 생물로 진균이라는 종류가 있다. 진균이라는 이름에는 '진짜 균'이라는 의미가 담겨 있다. 그런데 진균은 세균과 달리 제대로 된 핵을 가진 진핵생물 중 하나이다. 참고로 진핵생물에는 원생생물, 진균, 식물, 동물이 있다.

진균의 대표적인 생물로 효모, 곰팡이, 버섯 등이 있다. 효모와 곰팡이는 맨눈에 보이지 않는 미생물이지만, 버섯은 미생물이 아니다. 모양만 보면 버섯과 곰팡이가 같은 무리에 속한다고 생각하기 쉽지 않다. 하지만 버섯과 곰팡이 모두 진균의 특징을 갖는다.

진균은 효모를 제외한 대부분이 다세포 생물이고 세포들이 실 모양으로 길게 연결되는데, 이런 모양의 세포를 '균사'라고 부른다. 균사는 중간중간에 칸막이가 있어 어디서부터 한 개의 세포인지 구분할 수 있다. 그런데 이 칸막이 중앙에 작은 구멍이 있어 이웃 세포들과 세포질 및 세포 소기관이 서로 이동할 수 있다. 또 균사가 촘촘하게 얽힌 상태로 자란 것을 '균사체'라고 부른다. 버섯은 균사들이 점차 겹쳐지고 두꺼워지면서 위로 자라 버섯 특유의 모양을 이룬다.

진균은 습기가 있는 촉촉한 곳이라면 어디든 잘 살아갈 수 있다. 하지만 광합성을 하지 못하기 때문에 외부에서 영양분을 얻어야 한다. 그래서 진균은 죽은 동식물이나 배설물 등의 유기물을 분해해 영양분을 얻는다. 예를 들어 곰팡이는 죽은 동식물을 분해해 얻은 영양분을 얻고, 버섯은 주로 죽은 나무를 분해해 얻은 영양분으로 살아간다.

진균의 유기물 분해는 지구 생태계에서 중요한 역할을 한다. 땅에 있는 낙엽이나 나뭇가지를 분해해 식물이 흡수할 수 있는 영양분으로 만들고, 단백질을 분해해 식물 뿌리가 쉽게 흡수할 수 있는 영양분으로 만든다. 또 진균 중에는 세균이 분해하기 어려운 물질뿐만 아니라 살충제와 살균제 등의 독성 물질과 폭약까지 분해하는 종류가 있어 오염된 환경을 복구하는 데 큰 도움을 준다.

진균의 많은 종류가 무성생식과 유성생식 두 가지 방법으로 자손을 퍼뜨린다. 예를 들어 누룩곰팡이는 무성생식을 하는데 그 과정을 살펴보면 다음과 같다. 먼저, 누룩곰팡이의 균사체에서 포자를 날린다. 곰팡이 포자의 크기는 지름이 100분의 1mm가 되지 않아 맨눈으로는 볼 수 없다. 이 포자는 어디에나 달라붙을 수 있는데 온도, 습도, 영양분 조건이 갖추어진 곳에 달라붙어 발아를 하고 균사를 뻗으며 성장한다. 균사는 공기 중으로도 뻗는데, 균사 끝에 수많은 포자가 모인 포자 덩어리가 생긴다. 이 포자 덩어리에서 포자가 방출되면서 누룩곰팡이가 퍼져 나간다.

진균의 유성생식은 균사체에서 방출되는 포자끼리 달라붙어 두 개 이상의 핵을 가진 세포가 되는 방식이다. 예를 들어 버섯은 갓 안쪽에 있는 주름에서 포자를 만든다. 이 포자가 날아가서 정착한 후에, 포자가 발아해 균사로 성장한다. 그런 다음, 이 균사끼리 합쳐져서 2개의 핵을 가진 균사가 생긴다. 고등한 진핵생물의 경우는 2개의 세포가 합쳐지면 핵도 같이 합쳐져 1개의 핵으로 변하지만, 이와 달리 진균은 1개의 세포에 2개의 핵이 존재하게 된다. 2개의 핵을 가진 균사가 모여 균사체가 되고, 적당한 환경을 만나면 버섯으로 성장한다. 그런데 진균의 유성생식은 종류에 따라 약간씩 다른 특징을 보인다. 어떤 종류의 진균은 2개의 핵을 가진 세포끼리 다시 달라붙어 4개의 핵을 가진 세포가 되고, 세포 분열을 통해 8개의 핵이 된 후에 핵 하나하나가 포자가 되기도 한다.

03

우리 몸과
미생물

우리 몸에 사는 다양한 미생물

우리 몸에는 100조 개가 넘는 미생물이 살고 있다. 우리 몸 전체 세포보다 몇 배나 많은 수이다. 게다가 종류도 다양해서 1만 종이 넘는다. 따라서 우리 몸은 세포와 미생물이 공생하는 하나의 생태 계라고 할 수 있다. 미생물은 특별한 경우가 아니면 우리 몸에 해를 끼치지 않고 서로 도움을 주고받으며 살고 있다.

또 미생물의 유전자 수를 다 합치면 대략 200만에서 2,000만 개에 이른다. 이에 비해 인간 전체 유전자는 약 2만 개에 불과하다. 유전자 수는 매우 중요한 의미가 있다. 생물은 세포 속에 있는 유전자 정보에 따라 단백질을 만들어내는데, 이렇게 만들어진 단백질이 생명체의 모양을 만들고 생명 현상을 조절하는 효소도 만들기 때문이다. 결국, 우리 몸에는 우리 세포 유전자가 만드는 단백질 종류보다 미생물 유전자가 만드는 단백질 종류가 훨씬 더 많은 셈이다. 따라서 우리 건강과 생존에 미생물 유전자가 매우 큰 역할을 할 가능성이 있다. 다시 말해 우리 몸 장기에 탈이 나면 병이 생기듯 우리 몸 속 미생물에 문제가 있으면 병이 생길 수 있다.

우리 몸에 사는 미생물은 세균이 많다. 하지만 곰팡이와 효모와 같은 진균도 살고, 장에는 메탄생성균과 같은 고세균도 있다. 이들은 피부, 장, 콧구멍 등 우리 몸 구석구석에 살면서 우리 몸과 조화를 이루고 있다.

피부에 사는 세균

향수나 화장품, 비누 등을 쓰지 않아도 우리 몸에서는 독특한 냄새가 난다. 이 냄새를 체취라고 한다. 사람마다 체취는 조금씩 다르다. 예를 들어, 모기에게 유난히 잘 물리는 사람이 있는데, 그 사람의 체취는 다른 사람들에 비해 모기가 좋아하는 냄새가 많이 나기 때문이다.

사람의 체취를 만드는 데 세균은 아주 중요한 역할을 한다. 세균은 땀과 피지, 각질을 영양분으로 이용하기 때문에 땀과 피지의 분비가 많은 얼굴이나 겨드랑이 그리고 각질이 많은 발바닥에 주로 모여 산다. 얼굴, 겨드랑이, 발바닥에는 $1cm^2$당 1,000~100만 개의 세균이 있다. 이 세균들이 영양분을 분해하는 과정에서 휘발성 화학물질을 만들어내는데, 이것이 바로 체취다.

땀 냄새가 나는 이유도 피부에 사는 세균 때문이다. 땀을 분비하는 땀샘은 두 종류로 에크린샘eccrine gland과 아포크린샘apocrine gland이 있다. 에크린샘에서 분비되는 땀은 99%가 물이고 나머지 1%에 염분, 칼륨, 젖산 등이 들어있다. 이 땀은 대부분 물이기 때문에 원래 냄새가 없다. 그런데 피부에 사는 세균이 땀 속에 있는 적은 양의 젖산을 분해하기 때문에 땀을 흘리고 좀 시간이 지나면 시큼한 냄새가 난다.

겨드랑이와 음부에 많이 분포한 아포크린샘에서 나오는 땀은 에크린샘에서 나오는 땀과 달리 지질이 포함되어 있다. 피부에 사는 세균이 이 지질을 분해하기 때문에 특유의 냄새가 난다.

발 냄새가 나는 이유도 세균 때문이다. 발에는 땀샘이 많이 모여 있어서 땀이 많이 나온다. 게다가 발은 양말이나 신발로 감싸져 따뜻하고 습해서 세균이 살기에 너무나 좋은 환경이다. 또 발바닥은 우리 몸에서 가장 두꺼운 각질층이 있고 각질층에서는 죽은 각질 세포가 계속 떨어져 나간다. 발에 있는 세균은 땀뿐 아니라 죽은 각질 세포를 영양분으로 쓸 수 있다. 세균이 죽은 각질 세포를 분해하면서 만들어지는 것 중 하나가 발에서 나는 고약한 냄새이다.

피부에는 약 1조 개의 세균이 살고 있다. 그런데 피부 부위마다 사는 세균 종류와 수가 다르다. 겨드랑이나 이마에는 많은 세균이 살지만, 종류는 다양하지 않다. 반면에 손바닥이나 팔뚝에는 세균 수는 적지만 종류가 매우 다양하다. 또 여성의 몸에는 남성의 몸에 비해 더 많은 종류의 세균이 살고 있다. 그리고 손에 사는 세균은 사람마다 다르다. 심지어는 같은 사람의 왼손과 오른손에 사는 세균의 종류가 다른 경우도 있다.

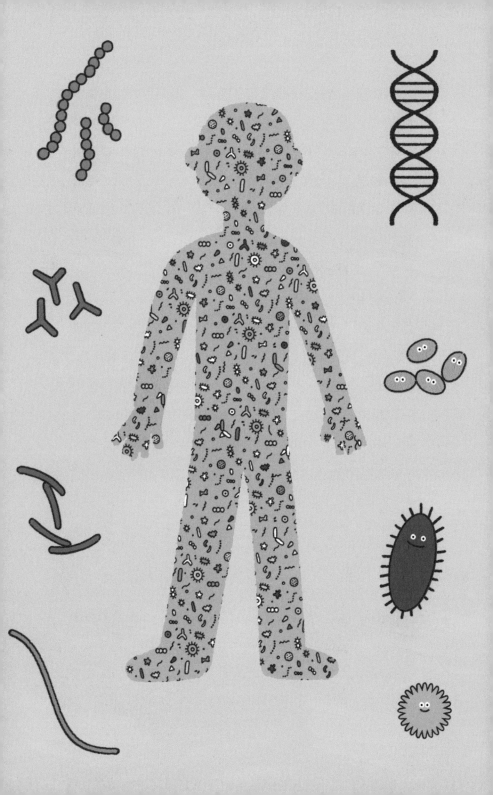

피부는 언제나 바깥 환경에 노출되어 외부에서 오는 다양한 미생물과 접한다. 피부의 세균은 외부의 해로운 미생물을 막는 역할을 한다. 미생물의 영양분이 되는 땀과 피지, 각질 등을 미리 먹어 치워 해로운 미생물의 번식을 막아준다. 피부의 세균은 피부에 있는 피지와 땀, 각질 등을 분해하면서 유기산을 만드는데, 이것이 피부 표면을 약산성으로 만들어 몸에 해로운 미생물이 번식하기 어려운 환경으로 만든다. 하지만 피부에 상처가 생기거나 너무 긁어 약해지면 피부에 살던 세균이 피부 속으로 들어가 질병을 일으킬 수 있다. 이렇게 상황에 따라 세균은 병을 일으키는 해로운 균으로 변신할 수도 있는 것이다.

피부에는 세균만 사는 게 아니다. 여름이면 지긋지긋한 무좀 때문에 고생하는 사람들이 많은데, 무좀은 세균이 아니라 진균인 곰팡이 때문에 생기는 질병이다. 곰팡이도 피부에 침투해 각종 질병을 일으킬 수 있다.

입안에 사는 세균

입안에도 많은 세균이 살고 있다. 세균은 입안의 살기 좋은 곳 대부분을 차지하고 영양분도 독차지하기 때문에 외부의 나쁜 세균이 들어와도 자리를 잡을 수 없다. 침에도 1ml에 1억~10억 개의 세균이 있다.

치아에도 많은 세균이 산다. 특히 치아 표면에 있는 세균막인 치태에는 세균의 영양분이 많아 세균이 우글거린다. 치아 표면에 세균막이 생기는 이유는 신체의 다른 표면과 달리 치아의 표면 세포가 떨어져 나가지 않기 때문이다. 영구치가 생긴 후로 계속 같은 모습을 유지하고 있으니 세균이 살기 딱 좋은 장소가 된다.

치태는 스트렙토코커스 뮤탄스 *Streptococcus mutans*라는 세균이 치아 표면에 붙으면서 만들어지기 시작한다. 이 세균은 입속에 들어온 설탕을 먹고 *끈끈한* 다당류를 만들어내는데 이를 접착제로 치태가 만들어진다. 치태는 충치를 생기게 하는 원인이다. 그래서 사탕과 같이 설탕이 많이 든 음식을 좋아하는 사람에게 충치가 많이 생긴다.

치태에는 침 속에 있는 수많은 세균이 엉겨 붙어 있다. 세균의 종류만 400종이 넘는다. 이 세균 중에는 젖산을 만드는 것도 있다. 안타깝게도 세균이 만든 젖산이 치아 표면을 보호하는 에나멜질을 녹인다. 이때 불소가 에나멜질이 젖산에 녹는 것을 방해할 수 있다. 그래서 치약에 불소를 넣는 것이다. 어쨌든 에나멜질이 녹으면 충치균이 치아 안쪽으로 침투해 충치가 생긴다.

침은 약알칼리성으로 세균이 만드는 젖산을 중화시킬 수 있고 침 자체가 젖산을 희석할 수도 있다. 따라서 침이 충치가 생기는 것을 어느 정도 막을 수 있다. 또 침 속에 있는 항균물질이 젖산을 만드는 세균 수를 줄여주기도 한다. 하지만 아무리 침이 많더라도 치태가 있는 곳에서는 속수무책이다. 침은 치태를 통과하지 못하기 때문이다.

위에 사는 세균

사람 위에는 강한 산성의 위액이 흐른다. 위액은 음식에 섞여 들어오는 세균을 죽이고 음식이 잘 소화되도록 부드럽게 만드는 역할을 한다. 위액으로부터 피해를 보지 않기 위해 위벽은 점액이나 산을 중화하는 물질로 뒤덮여 있다. 그런데 위벽에 있는 세포가 떨어져 나가면 조직이 위액에 그대로 노출되어 조직이 없어지는 위궤양이 일어난다. 과거에는 의사들이 위궤양 원인을 스트레스와 식습관 때문이라고 생각하고 위궤양 환자들에게 스트레스를 받지 않는 생활 태도와 자극적인 음식이나 커피, 술을 피하라고 권했다. 그런데 의사 처방에 잘 따라도 위궤양이 낫지 않는 경우가 많았다. 의사들은 위궤양의 원인으로 세균을 전혀 생각하지 않았다. 위에는 강한 산성의 위액 때문에 세균이 살 수 없다고 믿었기 때문이다.

그런데 1983년에 위 속에 사는 세균이 발견되었다. 헬리코박터파일로리*Helicobacter pylori*균이라 이름 붙은 이 세균은 나선 모양이고 몇 가닥의 편모를 가졌다. 이 세균은 편모를 이용해 위액 속을 움직이다 위벽의 파인 곳에 들어간 다음 위점막 세포에 달라붙어 살아간다. 이 세균이 강한 산성의 위액에도 끄떡없는 이유는 암모니아를 만들기 때문이다. 암모니아는 알칼리성이므로 위산을 중화할 수 있다. 헬리코박터파일로리균은 몸 전체를 암모니아 방어벽으로 둘러싸서 강한 산성 환경 속에서 살아갈 수 있다.

오늘날 인류 절반이 위에 헬리코박터파일로리균을 갖고 있다. 이 세균은 위벽 세포에 해를 끼치는 다양한 물질을 만들어내 위에 염증이나 위궤양이 일어날 확률을 높인다. 또 위암 발생과 깊은 관련이 있다. 세계보건기구는 헬리코박터파일로리균을 위암 원인 중 하나로 발표했다.

장 속 세균들

우리 몸에서 세균이 가장 많이 사는 곳은 어디일까? 몸에 사는 세균은 살아가는 데 필요한 영양분을 스스로 만들지 못하고 주위 환경으로부터 얻어야 하므로 영양분이 가장 많은 곳에 몰려 있다. 그곳이 바로 장이다. 장은 우리가 먹은 음식물이 지나가는 곳이다. 장에 사는 세균은 종류도 다양해서 보통 성인의 경우 장 속에 150~400여 종의 세균이 살고 있다.

그렇다면 세균은 장의 어느 부위에 많이 살까? 소장 윗부분에는 담즙 등의 영향을 받으므로 생각보다 세균이 많지 않다. 담즙 속의 담즙산이 세균의 세포막을 녹이기 때문에 세균이 살기 어렵다. 이곳에는 1g당 1,000~1만 개 정도의 세균이 살고 있는데 주로 유산간균과 연쇄상구균 등이다. 하지만 소장 아래쪽으로 내려갈수록 세균 수는 급격히 증가해 끝부분에는 1g당 1억 개가 넘는다.

소장을 지나면 대장인데, 대장은 소화되고 남은 음식 찌꺼기가 머무르는 곳이기 때문에 세균에게 필요한 영양분이 넘쳐난다. 그래서 우리 몸에서 가장 많은 세균이 사는데 1g당 100억에서 1,000억 개나 되고, 세균의 전체 무게는 약 1.5kg이나 된다. 보통 사람들의 대장에 가장 많은 세균은 박테로이테스균 종류와 페르미쿠데스균 종류이다. 그리고 우리 뀌는 방귀 성분의 30%가 메탄가스인데, 이것에서 알 수 있듯이 우리 장에는 고세균의 일종인 메탄생성균도 살고 있다. 아직 인간에게 병을 일으키는 고세균이 발견되지 않은 걸 보면, 메탄생성균도 해로운 종류는 아닐 확률이 높다.

사람들은 대장에 사는 가장 대표적인 세균으로 대장균을 생각하기 쉽다. 하지만 대장균은 대장에 사는 모든 세균 중 0.1%밖에 안 된다. 그런데 어떻게 대장균이라는 이름이 붙었을까? 대장균이 장에서 처음 발견되었고 가장 연구가 많이 되었기 때문이다. 또 대장균은 생명력이 강해 실험실 배양접시에서 장 속 세균 중 가장 잘 자란다. 그래서 다른 세균들보다 발견하기 쉽다. 이러한 이유로 대장균은 음식이나 식당의 위생 수준을 알아보기 위한 검사에서 오염의 지표로 사용된다. 대장균이 기준치보다 많이 발견되었다면 병을 일으키는 다른 세균에 오염되었을 가능성도 있다고 보는 것이다.

그렇다면 장 속에 사는 세균들이 우리 몸에서 어떤 역할을 할까? 가장 중요한 역할은 소화되고 남은 음식물 찌꺼기를 분해해 자신의 영양분으로 쓰는 것이다. 이 일이 우리 몸에도 중요하고 세균에게도 중요하다. 특히 세균은 사람이 소화할 수 없는 식이섬유 일부를 분해해 흡수할 수 있는 성분으로 바꿔준다. 또 장 속 세균은 음식물 찌꺼기를 분해하면서 우리 몸에 필요한 비타민을 만들어낸다. 그리고 일부 탄수화물을 분해해 젖산이나 아세트산과 같은 산을 만들어 내는데, 이 덕분에 장 속 환경이 산성이 된다. 이렇게 되면 우리 몸에 해로운 다른 세균은 살기 힘들어진다. 또 세균이 만든 산이 장의 신경 세포를 자극해 장운동이 활발해지는데, 덕분에 변비가 잘 생기지 않는다.

장 속 세균 중에는 우리 몸에 해로운 나쁜 균을 공격하는 물질을 분비하는 종류도 있다. 이 밖에도 우리 몸 면역계가 제대로 작동하는 데 중요한 역할을 하고, 비만을 막으며, 천식, 당뇨병, 아토피 등과도 연관 있다는 연구 결과가 속속 발표되고 있다.

또한, 장 속 세균은 사람 기분에도 영향을 미친다는 최신 연구 결과도 있다. 연구에 의하면, 우리 몸 신경전달물질을 만드는데 필요한 원료 90%를 장 속 세균이 만든다고 한다.

이렇게 장 속 세균이 우리 몸에 좋은 역할을 많이 하는데, 대장에서 나오는 대변은 왜 그렇게 안 좋은 냄새가 날까? 이유는 대장에 있는 음식 찌꺼기 속 단백질 때문이다. 세균이 단백질을 분해하면서 나쁜 냄새가 나는 물질을 만든다. 그래서 초식동물과 달리 단백질을 많이 먹는 육식동물의 대변에서는 고약한 냄새가 많이 난다. 냄새를 줄이려면 고기나 생선과 같이 단백질이 많은 든 음식을 되도록 먹지 않아야 한다.

또 먹는 음식에 따라 장 속 세균의 종류와 비율이 결정되는데 사람마다 조금씩 다르다. 먹는 음식이 다르기 때문이다. 하지만 같은 나라 사람들끼리는 비슷하다. 그래서 장 속에 어떤 세균이 얼마나 사는지 조사하면 그 사람의 국적을 어느 정도 알 수 있다.

그 밖의 세균들

그 외에 우리 몸 어느 곳에 세균이 있을까? 먼저 호흡기를 살펴 보자. 코에는 병을 일으킬 수 있는 세균이 살고 있다. 건강한 사람 도 콧속에는 세균이 많으므로 늘 주의해야 한다.

콧속에 있는 세균은 사는 환경에 영향을 많이 받는다. 농장이나 농장 근처에 사는 어린이는 일찍부터 콧속에 다양한 세균이 살고 있어 천식이나 알레르기가 생길 확률이 낮다.

콧속을 지나면 인후부가 있는데, 이곳에는 세균이 그리 많지 않 다. 외부에서 들어온 세균은 이곳에서 붙잡혀 밖으로 쫓겨나기 때 문이다. 기침이나 재채기가 그런 활동 중 하나이다. 인후부보다 아 래에 있는 기관지나 폐에는 세균이 없어야 정상이다. 만약 폐에 세 균이 들어오면 폐포에 있는 항균물질이 세균을 죽인다.

성인 여성의 생식기에도 세균이 살고 있다. 이 세균은 산을 만들 어 여성 생식기 안을 산성으로 만든다. 덕분에 다른 세균들이 이곳 에서 살 수 없어 외부에서 오는 나쁜 세균으로부터 생식기를 보호 할 수 있다.

오줌이 지나가는 요도에도 세균이 산다. 그런데 외부에서 오는 다른 세균은 오줌에 씻겨 내려가기 때문에 요도에 자리 잡기 힘들 다. 요도 위로 더 들어가면 방광이 있고 더 들어가면 신장이 있는

데, 이 두 곳에는 세균이 없어야 정상이다.

그 밖에 건강한 사람의 심장이나 뇌 등의 장기에도 세균이 없어야 한다. 뼈와 근육 등의 조직이나 혈액 그리고 분비 전의 침과 같은 체액도 마찬가지다.

갓난아기와 세균

아기가 태어나기 전 엄마 뱃속에서는 몸에 세균이 전혀 없다. 다시 말해 엄마 뱃속 아기는 무균 상태이다. 이렇게 무균 상태인 아기에게 세균은 언제 어떻게 들어올까? 아기가 처음 세균을 만나는 때는 엄마 몸에서 빠져나오는 순간이다. 이때 엄마 몸에 있던 세균들이 아기에게 옮겨간다. 엄마는 유전자뿐만 아니라 몸에 있는 세균까지 아기에게 전해 주는 셈이다.

하지만 이것은 시작에 불과하다. 아기가 엄마 젖꼭지를 빨 때 젖꼭지에 있던 세균이 아기에게 옮겨간다. 심지어는 엄마 모유에도 유산균을 비롯한 다양한 세균이 있다. 이 세균은 엄마 장에서 가슴에 있는 젖샘으로 이동한 것이다.

갓난아기가 태어나서 처음으로 누는 똥을 배내똥이라고 하는데, 과학자들은 여기서 다양한 세균을 발견했다. 엄마 뱃속 아기는 세균이 없다는데 어디에서 온 걸까? 그것은 임신한 엄마 뱃속 아기를 감싼 양수에서 왔다. 아기가 양수를 마시면, 양수에 있는 엄마의 세균이 뱃속 아기에게 전해진다.

모유를 먹는 아기 장 속 세균의 대부분은 비피더스균이다. 모유에는 비피더스균을 키우는 물질이 들어있기 때문에 가능한 일이다. 비피더스균은 우리 몸에 아주 유익한 세균으로, 젖산을 만들어 장 속에 해로운 세균이 자라는 것을 막고 단백질의 소화흡수를 돕는다. 그리고 아기에게 필요한 비타민을 만들고 면역력도 높여준다.

아기는 이렇게 엄마로부터 세균을 받아가며 성장하다가 이유식을 시작하면 장 속에 다른 세균의 비율이 늘어난다. 세 살이 되면 장 속 세균의 종류는 어른들과 비슷해지는데, 비피더스균은 전체의 20% 정도를 차지한다.

우리 몸에 사는 바이러스

우리 몸에서 발견된 바이러스는 대부분 병을 일으키는 종류였다. 그렇다고 바이러스가 우리 몸에 병만 일으킨다고 생각하면 안 된다. 과학자들은 병을 일으키지 않는 바이러스가 발견되지 않았을 뿐이지 우리 몸에 많을 것이라고 추측한다. 많은 바이러스가 숙주인 인간과 공생한다고 생각하는 과학자도 많다. 앞에서 소개한 장 속의 세균처럼 말이다.

바이러스는 숙주 생물의 세포에 들어가 자신을 복제한다. 그 과 정에서 숙주 생물에게 병을 일으킨다. 하지만 바이러스와 숙주 생 물이 서로 진화를 하면서 바이러스가 병을 일으키지 않고 서로 공 생할 수도 있다. 바이러스 입장에서는 숙주 생물이 병들어 죽으면 사는 집이 사라지는 셈이므로 자기도 손해이기 때문이다. 예를 들 어 호주에서 토끼가 인간에게서 온 바이러스에 감염되어 크게 줄 어든 적이 있었다. 그런데 그 바이러스에 내성을 가진 토끼가 살아 남았고, 다시 번식을 통해 수가 늘어났다. 그 후, 살아남은 토끼들 은 바이러스에게 해를 입지 않고 서로 공생하게 되었다.

동물의 세계에서는 이런 예를 쉽게 찾을 수 있다. 오리와 인플루 엔자 바이러스가 그 중 하나이다. 인플루엔자 바이러스는 인간에게 독감이라는 질병을 일으키지만, 오래된 숙주인 오리에게는 해를 끼 치지 않고 서로 공생한다. 에이즈 바이러스와 침팬지도 마찬가지다. 에이즈 바이러스는 원래 침팬지에 있던 것이 인간에게 전해졌다. 에이즈 바이러스는 인간에게 에이즈라는 무서운 병을 일으키지만, 침팬지와는 병을 일으키지 않고 서로 사이좋게 지낸다.

건강을 지키는 장 속의 세균들

    최근 들어 연구를 통해 우리 건강과 장 속 세균의 특별한 관계가 하나둘 밝혀지고 있다. 과학자들은 장 속 세균의 조성이 어떻게 바뀌는지에 따라 우리 건강이 바뀐다고 주장한다. 장 속 세균이 우리 건강과 어떤 특별한 관계가 있는지 살펴보자.

    첫째, 장 속의 세균은 몸의 면역 체계를 강화한다. 사람이 음식물을 먹으면 외부에서 항원이 될 수 있는 물질이 장 점막을 통해 들어온다. 그러면 장 점막의 외부 층에 주로 사는 세균은 음식물에 포함된 이 물질에 대해 신속하고 강력하게 면역 반응을 일으키며 가장 먼저 방어한다. 이 과정에서 장 속 세균은 인간의 면역 시스템과 끊임없이 상호작용하면서 면역 체계를 강화한다.

    둘째, 장 속의 세균들은 뇌와 밀접한 관계가 있다. 소화기관인 장과 뇌가 서로 많이 떨어져 있다고 생각하기 쉽지만, 이들은 신경세포 등으로 연결되어 있다. 특히 장 속의 세균 중 많은 종류가 신경이 신호를 전달할 때 쓰는 화학물질과 비슷한 물질을 만들 수 있다. 과학자들은 세균이 만든 이 물질이 신경세포를 통해 뇌에 영향을 미친다고 추측한다. 그래서 장 속의 세균이 자폐증이나 치매인 알츠하이머, 우울증과 같은 정신신경계 질병과 관련 있다고 주장한다. 치매 환자의 장 속에는 우리 몸에 이로운 박테로이데스균이 정상인보다 현저히 적었다는 연구 결과도 있다. 장 속의 세균은 우리의 기분에도 영향을 미칠 수 있다. 장 속의 세균들이 만드는 화학물질 중 일부가 우연히 우리 뇌에 영향을 미쳐 기분을 바꿀 수 있기 때문이다. 장 속의 세균 중 '락토바실러스'나 '비피도박테리움'은 스트레스나 불안,

우울한 감정을 낮추는 데 도움을 준다는 연구 결과도 있다.

셋째, 장 속의 세균은 비만과 관련이 있다. 이와 관련된 연구에 의하면, 뚱뚱한 쥐의 장 속 세균을 실험용 쥐의 장에 넣었더니 같은 양을 먹어도 뚱뚱해졌고 날씬한 쥐의 장 속 세균을 넣으니 날씬해졌다는 실험 결과가 있다. 이것은 유전자나 생활 습관이 아니라 세균 때문에 비만해질 수 있다는 사실을 알려준다.

또 다른 연구에 의하면, 비만한 사람은 장 속에 유해 세균인 '퍼미큐테스'와 '피르미쿠테스'가 정상인보다 3배 많다고 한다. 피르미쿠테스는 우리 몸 안에서 당분 발효를 촉진해 지방을 과다하게 만들어 쉽게 살이 찌게 한다. 반면에 쥐를 대상으로 한 연구에 의하면, 쥐의 장 속에 있는 어떤 세균은 지방분해효소 분비를 촉진해 체중과 지방의 양을 현저히 감소시키고, 혈당감소 호르몬 분비도 촉진해 혈당도 감소시킨다고 한다. 이 연구 결과는 장 속의 세균이 체중과 혈당을 조절하는 데 큰 역할을 한다는 사실을 알려준다. 미래에는 장 속의 세균을 이용해 비만과 당뇨병을 치료하는 새로운 방법이 생길지도 모른다.

04

세균과 바이러스가 일으키는 질병

미생물의 침입과 질병

세균은 우리 건강을 지키는 데 꼭 필요한 존재이지만, 한편으로는 건강을 위협하는 해로운 존재이기도 하다. 우리 몸의 세균은 세포와 공생하면서 평화롭게 살고 있다. 그런데 외부에서 나쁜 세균이나 바이러스가 들어오면 평화가 깨지고 건강이 위태롭게 된다. 또 원래부터 우리 몸에 있던 세균이나 바이러스에 이상이 생기면 건강에도 이상이 생길 수 있다.

우리 몸 곳곳에 다양한 세균이 살지만, 세균이 전혀 없는 곳도 많다. 이런 곳에 세균이 침입하면 염증 등의 질병을 일으킨다. 예를 들어 우리 목구멍 아래에 있는 기관지와 폐에는 세균이 살지 않는데, 이곳에 세균이나 바이러스가 침입하면, 기관지염이나 폐렴이 일어난다. 방광이나 신장에도 세균이 없는데 세균이나 바이러스가 침입하면, 방광염이나 신장염과 같은 염증을 일으킨다. 혈액에도 원래 세균이 없다. 혈액에 세균이 들어가 번식하면서 온몸으로 퍼지면 폐혈증이 일어난다. 그리고 간에도 바이러스가 침투해 감염을 일으킬 수 있다.

뇌, 척수와 같은 중추신경계는 미생물이 없을 뿐 아니라 미생물의 침입을 막기 위해 '수막'이라 불리는 막으로 둘러싸여 있다. 수막에 세균이나 바이러스 등이 침입하면 염증을 일으키는데, 이것을 뇌수막염이라고 한다. 중추신경계와 연결된 신경도 세균의 피해를 볼 수 있다. 파상풍균은 원래 산소를 싫어하는 세균이다. 그래서 공기가 있는 곳에서 활동하지 않는다. 공기 속에 든 산소가 싫기 때문이다. 그런데 우리가 녹슨 못에 깊이 찔리면, 상처를 통해 녹슨 못에 있던 파상풍균이 산소가 거의 없는 몸의 조직 안으로 들어올 수 있다. 그러면 파상풍균이 활동을 시작하고 증식하면서 독소를 내뿜어 신경에 해를 입힌다. 이 독소가 근육에 신호를 전달하는 운동 신경에 해를 입히면, 근육이 딱딱해지거나 경련을 일으킨다. 특히 호흡 관련 근육에 연결된 신경이 파상풍균 독소로 피해를 보면 목숨을 잃을 수도 있다.

세균이나 바이러스는 각종 전염병을 일으키는 병원체이기도 하다. 질병의 역사를 살펴보면 이들이 일으킨 전염병 때문에 많은 사람이 목숨을 잃었다. 과거에는 전염병 때문에 아무리 많은 사람이 죽어도 원인을 알 수 없었다. 하지만 과학이 발달하면서 전염병의 원인이 대부분 세균이나 바이러스 때문이라는 사실이 밝혀졌다. 그리고 치료법을 꾸준히 개발해 왔다. 하지만 코로나 19 바이러스처럼 과거에 없던 새로운 바이러스나 세균이 나타나면 치료법을 찾을 때까지 사람들은 고통을 받을 수밖에 없다.

이제부터 인류를 괴롭혀 온 다양한 미생물을 살펴보자.

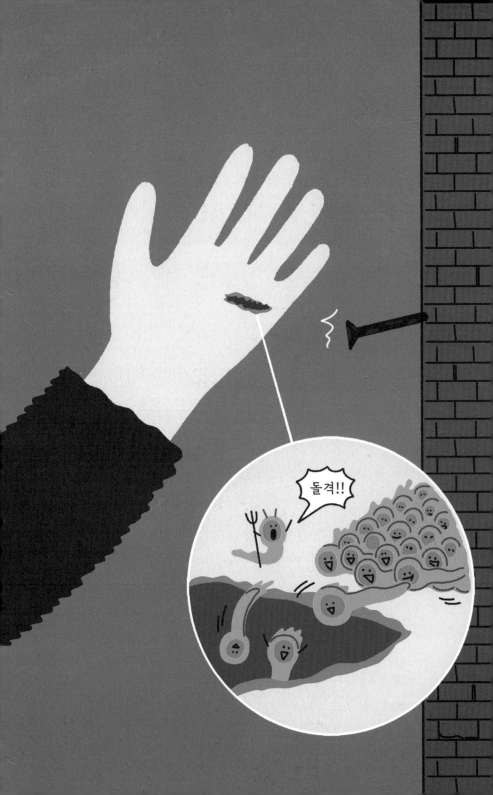

결핵균

결핵균은 우리 몸의 장기 속으로 들어와 살면서 몸의 조직을 파괴하는 무서운 세균이다. 특히 산소를 좋아해서 산소 농도가 높은 곳인 폐에서 잘 번식한다. 폐에 결핵이 생기면 넓은 범위에 걸쳐 조직이 파괴된다. 치료하지 않으면 결핵균이 몸속 곳곳으로 퍼져 결국에는 목숨을 잃는 위험한 질병이다.

결핵은 이스라엘 앞바다에서 발견된 기원전 7천 년경 신석기 시대 사람 뼈 화석에서 그 흔적을 찾을 수 있을 정도로 오래된 질병이다. 기원전 168년경에 중국에서 매장된 여성의 미라에서도 결핵에 걸렸던 흔적이 발견되었다. 따라서 결핵균은 역사가 기록되기 전인 선사시대부터 동서양을 가리지 않고 인류를 괴롭혀온 세균임을 알 수 있다.

특히 18세기 유럽에 산업혁명으로 사람들이 도시로 몰리면서 주거 환경이 열악하고 위생이 나빠졌는데, 이때 결핵균이 사람들에게 널리 퍼졌다. 당시 결핵은 고칠 수 없는 불치병이었기 때문에 많은 사람이 목숨을 잃었다. 19세기 독일인 사망 원인의 7분의 1이 결핵이었을 정도다. 하지만 사람들은 결핵을 일으키는 결핵균에 대해서는 전혀 몰랐다.

그러다 1882년에 독일의 의사 로베르트 코흐가 처음으로 결핵균을 발견해 세상에 알렸다. 그리고 1943년에 결핵균을 없애는 항생제인 스트렙토마이신Streptomycin이 발견되면서 이제는 고칠 수 있는 병이 되었다. 또 결핵을 예방하는 백신이 개발되면서 결핵에 걸리는 사람들이 많이 줄어들었다. 하지만 결핵균은 여전히 인류에게 위험한 세균이다. 세계보건기구WHO에 따르면 결핵은 전 세계 인구의 10대 사망 원인 중 하나로 지금도 매년 160만 명이 목숨을 잃고 있다.

결핵균은 결핵에 걸린 사람의 기침이나 재채기를 통해 나온 비말을 통해 퍼진다. 그런데 결핵균이 몸 안에 들어왔다고 모두 결핵에 걸리는 것은 아니다. 결핵균과 접촉한 사람의 30% 정도가 감염되고, 감염된 사람의 10%만 결핵 환자가 된다. 나머지는 결핵균이 비활동성이 되어 결핵을 일으키지 않기 때문이다. 물론 그렇다고 안심해서는 안 된다. 나이가 들어 면역 기능이 약해졌을 때 몸속의 결핵균이 다시 활동해 병을 일으킬 수 있기 때문이다.

페스트균

14세기 유럽에는 정말 무시무시한 전염병이 발생했다. 이 병에 걸리면 몸이 검은빛을 띠며 썩다가 죽기 때문에 '흑사병'이라고 불렸다. 전문가들은 당시 유럽 인구의 약 30%가 흑사병으로 죽었다고 추정하고 있다. 흑사병은 인류 역사 기록에 남아 있는 최초의 '팬데믹'이라고 할 수 있다. 참고로 팬데믹은 세계적으로 전염병이 대유행하는 상태를 뜻하는 말로 최근 코로나 19 때문에 자주 들을 수 있다.

흑사병을 일으킨 범인은 바로 페스트균이다. 페스트균은 원래 흙 속에 사는 세균인데, 간혹 야생 쥐를 감염시킨다. 감염된 야생 쥐의 피를 빨아 감염된 벼룩이 인간 주변에 사는 집쥐나 곰쥐에게 옮기고 이들에 기생하는 벼룩 때문에 사람들도 페스트균에 감염되기 시작했다. 감염된 벼룩에게 물리거나 감염된 쥐의 배설물이나 체액 등을 통해 페스트균에 감염되는 것이다. 흑사병은 사람 사이에서도 전염이 잘 된다. 페스트균에 감염된 환자가 기침이나 재채기를 하면 비말이 공기 중으로 나오는데, 비말에 있는 페스트균이 다른 사람들을 감염시킨다.

14세기 흑사병은 원래 중앙아시아에서 처음 시작되었다. 그런데 1346년경 몽골군이 러시아 남부에 있는 카파 성을 공격하면서 페스트균이 유럽으로 전파되었다. 당시 카파 성을 공격하던 몽골군 병사들은 이름 모를 병으로 자꾸만 죽어갔다. 그러자 몽골 지휘관들은 돌을 쏘아 보내는 무기를 이용해 돌 대신 병에 걸려 죽은 병사들의 시체를 성벽 안으로 날려 보냈다. 요즘으로 치면 생화학 무기를 사용한 셈이다. 그런데 카파 성 안에는 이탈리아인들도 있었다. 그들은 성을 탈출해 배를 타고 고향으로 향했고 이탈리아에도 이름 모를 병이 퍼지기 시작했다. 이렇게 유럽에 페스트균이 전파된 것이다.

흑사병은 짧은 시간에 사람의 목숨을 앗아갈 수 있는 치명적인 전염병이다. 또 다양한 방법으로 전염되기 때문에 전염 속도도 무척 빠르다. 그래서 흑사병의 원인과 치료 방법을 몰랐던 중세 유럽에서는 흑사병이 급격하게 퍼졌고 사망률도 매우 높았다. 당시 유럽은 인구의 증가로 많은 도시가 세워졌는데, 대부분의 도시가 사람들이 버린 오물을 제대로 처리하지 못했다. 도시는 오물이 불러들인 쥐와 사람이 뒤섞여 사는 아주 불결한 환경이었다. 그래서 흑사병이 도시 하나를 휩쓸면 속수무책으로 당하기만 했다. 그러다 많은 사람이 죽고 도시 인구가 크게 줄어야만 유행이 멈췄다. 인구가 줄어 페스트균이 사람을 접할 기회가 줄고 살아남은 사람들도 페스트균에 면역력을 가진 경우가 많았기 때문이다.

지금은 과거처럼 흑사병이 유행할 확률은 거의 없다. 불결한 환경이 아닐 뿐만 아니라 흑사병에 걸린다고 하더라도 페스트균을 없앨 수 있는 항생제가 있기 때문이다. 그동안 페스트균을 효과적으로 죽이는 다양한 항생제들이 개발되었다. 그렇다고 흑사병을 역사책에서나 볼 수 있는 질병이라고 생각하면 안 된다. 중국에서는

2010년에서 2015년 사이에 흑사병 환자 10명이 발생해 5명이 사망했고, 같은 기간 전 세계적으로 3,200여 명의 흑사병 환자가 발생해 580여 명이나 숨졌다. 아무리 항생제가 있더라도 흑사병은 여전히 치료 시기를 놓치면 목숨을 잃는 위험한 전염병이다. 특히 해외에서 흑사병 유행 지역을 여행할 때는 각별히 조심해야 한다.

천연두

천연두는 오랫동안 인류를 괴롭혀 온 무서운 질병으로 바이러스의 감염으로 일어나는 전염병이다. 천연두 바이러스는 공기를 통해 쉽게 전염되기 때문에 전염력이 강하고, 병에 걸린 사람 10명 중 3명이 목숨을 잃을 정도로 치명적인 바이러스이다. 또 천연두에 걸리고 살아남은 사람은 얼굴을 포함한 온몸에 흉한 곰보 자국이 생겼고, 눈이 먼 사람도 있었다. 질병의 역사를 살펴보면, 세균이나 바이러스의 감염으로 생긴 질병 중에서 천연두가 가장 많은 사람의 목숨을 앗아갔다.

천연두는 기원전 12세기 이집트의 파라오였던 람세스 5세의 미라에서도 흔적이 발견될 정도로 인류에게 오래된 질병이다. 500여 년 전 유럽인이 신대륙 아메리카를 발견하면서 천연두 바이러스가 아메리카 대륙에 처음으로 들어갔는데, 이때 들어간 천연두는 번성하던 아스텍제국과 잉카제국이 멸망하는 데 큰 역할을 했다. 아메리카 대륙의 원주민들은 천연두에 처음 걸려봤기 때문에 면역력이 전혀 없었다. 전염력이 강한 천연두는 원주민들에게 널리 퍼졌고 수많은 원주민의 목숨을 앗아갔다.

당시 멕시코에 있었던 아스텍제국은 인구가 수백만 명에 이르는 큰 나라였다. 스페인은 겨우 수백 명의 군대를 이끌고 침략했고 당연히 아스텍 군대에 밀렸다. 그런데 아스텍 사람들에게 천연두가 퍼졌고, 결국 아스텍 인구의 3분의 1이 천연두로 목숨을 잃은 덕분에 스페인은 아스텍을 정복할 수 있었다. 잉카제국도 마찬가지 상황이었다. 당시 페루에 있었던 잉카제국은 인구 700만의 큰 나라였지만 천연두로 인구의 절반 이상이 목숨을 잃었다. 스페인 군대는 이런 잉카제국을 적은 수의 병사만으로도 쉽게 멸망시킬 수 있었다.

18세기 유럽에서는 천연두로 매년 40만 명이 목숨을 잃었고 세상에서 사라지기 전까지 전 세계에서 총 3억 명 이상의 목숨을 앗아갔다.

우리나라에서도 신라 선덕여왕과 문성왕이 천연두로 추측되는 질병에 걸렸다는 기록이 있을 정도로 오래되고, 많은 사람의 목숨을 앗아간 두려운 질병이었다. 우리나라 사람들은 천연두를 '마마'

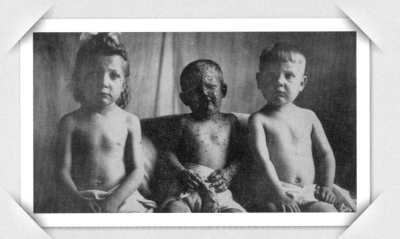

천연두에 걸린 아이의 모습

천연두는 오랫동안 인류를 괴롭혀 온 무서운 질병으로 바이러스의 감염으로 일어나는
전염병이다. 천연두 바이러스는 공기를 통해 쉽게 전염되기 때문에 전염력이 강하고,
병에 걸린 사람 10명 중 3명이 목숨을 잃을 정도로 치명적인 바이러스이다.

라고 높여 부르기도 했는데, 이것은 두려움의 표현이었다.

하지만 1796년에 영국의 에드워드 제너Edward Jenner가 천연두를 예방하는 우두 접종법을 개발하면서 인류는 공포에서 벗어나기 시작했다. 우두 접종법이 전세계에 퍼지면서 천연두는 점점 사라졌다. 세계보건기구는 1980년에 천연두가 멸종했다고 공식 선언했다. 1977년 소말리아에서 마지막 천연두 환자가 치료받은 후 더 이상 발생하지 않았기 때문이다. 천연두 바이러스는 인간만을 숙주로 삼는 바이러스이기 때문에 인간을 떠나서는 살 수 없다. 그래서 연구용으로 연구실에 보관한 것을 제외하면 인류에 의해 지구상에서 완전히 박멸된 첫 번째 바이러스가 되었다.

식중독

식품이 부패하는 것은 세균이 식품을 분해해 영양분으로 삼기 때문이다. 부패한 식품에는 1g당 1,000만에서 2억 마리의 세균이 산다. 이렇게 많은 세균은 어떻게 생긴 걸까? 원래 부패하지 않은 식품에도 적지만 세균이 있다. 세균은 자신을 두 개로 나누는 이분법으로 번식을 한다. 살기 좋은 환경에서는 수십 분마다 한 번씩 분열해 2배씩 늘릴 수 있다. 그래서 1개의 세균이 환경만 좋으면 4시간 반만에 27회 분열해 1억 마리 이상으로 늘어날 수 있다. 이렇게 무서운 속도로 세균이 불어나기 때문에 식중독 사고가 일어나는 것이다. 특히 기온과 습도가 높은 여름철은 세균이 살기 딱 좋은 환경이니 더욱 조심해야 한다.

식품이 부패하면 우리는 먼저 냄새로 알 수 있다. 부패한 식품에서는 고약한 냄새가 난다. 이 냄새는 세균이 단백질을 분해할 때 나오는 암모니아와 황화수소 등과 같은 물질 때문에 생긴다. 그래서 단백질이 많은 고기나 생선 등이 부패하면 냄새가 더 심하다. 세균이 단백질을 분해할 때 나오는 물질은 사람 몸에 특히 해롭기 때문에 이상한 냄새가 나는 음식은 절대 먹어서는 안 된다.

물론 우리는 가끔 음식이 상했는지도 모르고 먹을 때가 있다. 그런데 몸에 아무런 탈이 없는 경우가 많다. 반대로 상하지 않은 음식을 먹고도 구토나 설사를 하는 등 식중독을 일으키는 경우가 있다. 식중독은 부패한 식품 속에 있는 세균의 종류에 따라 일어나기도 하고 안 일어나기도 한다. 사실 부패한 식품에 있는 세균 중에는 우리가 먹어도 크게 해롭지 않은 종류가 많다. 그러나 대장균 O-157 등과 같이 100마리만 우리 몸에 들어와도 심각한 식중독을 일으키는 무시무시한 세균도 있다. 또, 적은 수가 우리 몸에 들어왔을 때는 괜찮지만 많은 수가 들어왔을 때 식중독을 일으키는 세균도 있다. 따라서 상한 음식과 식중독이 반드시 연결되는 것은 아니

부패한 식품 1g당 세균
1천만~2억 마리

다. 그래도 상한 음식에는 어떤 세균들이 있는지 모르니 먹지 않는 것이 좋다.

상한 식품을 끓이거나 구워 열로 세균을 모두 죽인 후에 먹으면 괜찮다고 생각하는 사람이 가끔 있다. 이것은 잘못된 생각이다. 부패한 식품에 있는 세균이 독소를 만드는 경우가 있기 때문이다. 예를 들어 우리 피부에 사는 황색포도상구균은 번식하면서 엔테로톡신enterotoxin이라는 독소를 만든다. 식품을 가열해도 이 독소는 없어지지 않는다. 그래서 상한 음식을 끓이거나 굽는다고 안전해지는 건 아니다.

식품의 부패를 막으려면 세균이 번식하기 어려운 환경을 만들어야 한다. 냉장고에 식품을 넣으면 낮은 온도가 세균의 번식을 막아준다. 그리고 식품을 식초에 절이는 것처럼 강한 산성 환경에 넣어도 세균의 번식을 막을 수 있다. 그런데 낮은 온도와 산성 환경이라고 마음을 놓아서는 안 된다. 아주 드물지만 이런 환경에서도 활동하는 세균이 있다.

또 세균이 살아가려면 물이 필요하므로 식품의 물을 제거하면 세균을 막을 수 있다. 그래서 생선이나 과일을 건조하면 부패하지 않고 오랫동안 보관할 수 있다. 식품을 소금이나 설탕에 절이는 것도 세균이 물을 이용하지 못하게 하는 방법 가운데 하나이다. 식품을 소금이나 설탕에 절여도 식품 속 물의 양은 변화가 없다. 하지만 소금이나 설탕이 물 분자와 결합하므로 세균이 사용할 수 있는 물의 양이 많이 줄어든다. 그래서 식품을 건조하는 것과 같은 효과를 얻을 수 있다.

세균만이 식중독을 일으키는 것은 아니다. 바이러스도 식중독을 일으킬 수 있다. 바이러스는 살아 있는 세포 속에서만 증식하고 식품에서는 증식하지 않는다. 그래서 바이러스가 일으키는 식중독은 식품의 부패와 상관없이 발생한다. 식중독과 관련된 대표적인 바이러스가 바로 노로바이러스norovirus이다. 노로바이러스는 사람의 장에서 증식하는데, 이 바이러스에 감염된 사람의 배설물이나 구토물에 섞여 밖으로 나올 수 있다. 이를 제대로 처리하지 않으면 노로바이러스가 물과 섞여 하천에서 바다로 흘러 들어가게 되므로 근처에서 자라는 굴이나 다른 조개류에 들어갈 수 있다. 노로바이러스에 감염된 굴이나 조개류를 가열하지 않고 사람이 먹으면 감염되어 식중독을 일으킨다. 특히 굴은 주로 가열하지 않고 먹기 때문에 주의해야 한다.

또한, 노로바이러스에 감염된 사람이 손을 씻지 않고 음식을 조리할 때 손에 묻어 있던 노로바이러스가 음식에 들어갈 수 있다. 노로바이러스가 우리 장으로 들어오면 구토와 설사를 일으키는 장염에 걸릴 수 있다.

감기

추운 겨울이 오면 기침을 하거나 재채기를 하고 손수건으로 콧물을 닦는 사람들을 주변에서 쉽게 볼 수 있다. 감기에 걸린 사람들이 많기 때문이다. 감기는 누구나 일 년에 두세 번은 걸리는 가장 흔한 질병이다. 감기를 걸리는 이유는 바이러스와 세균 등과 같은 이물질이 코나 입 안으로 들어왔기 때문이다. 감기를 일으키는 바이러스는 200여 종이나 되는데, 그중 30~50%는 리노바이러스이고, 10~15%는 코로나 바이러스이다. 이 두 가지가 감기를 일으키는 대표적인 바이러스이다.

감기에 걸리면 콧물과 코막힘, 재채기, 기침, 발열, 목의 통증과 같은 증상이 나타나는데, 이러한 증상은 우리 몸에 들어온 바이러스와 같은 이물질을 밖으로 쫓아내기 위한 몸의 반응이다. 대개는 특별한 치료 없이도 며칠 푹 쉬면 증상은 저절로 없어진다. 약국에서 감기약을 팔고 있지만, 대부분 감기를 치료하는 약이 아니라 콧물을 흐르지 않게 하거나 기침을 막아주는 것처럼 감기 증상을 억제하는 약이다. 그래서 감기에 걸리면 감기약을 먹지 않고 잘 먹고 푹 쉬는 게 더 나은 치료 방법일 수 있다. 하지만 감기 때문에 편도선이 붓고 아프면, 병원에 가서 진료를 받는 게 좋다. 편도선에 세균이 침입했을 확률이 높기 때문이다.

그런데 감기는 왜 겨울에 잘 걸릴까? 겨울에는 기온이 낮고 공기가 건조한데, 이런 환경에서는 바이러스의 활동이 활발하기 때문이다. 게다가 실내 온도와 바깥 온도의 차이가 커서 우리 몸이 적응하지 못해 면역력이 떨어지기 쉽다.

감기에 걸리지 않으려면 감기 걸린 사람 곁에 가지 않는 게 가장 중요하다. 그리고 감기 걸린 사람이 만진 물건을 만지지 말아야 한다. 감기 바이러스에 닿은 손으로 코나 입을 문지르면 바이러스가 코나 입안으로 침투해 감기에 걸린다. 그래서 자주 손을 씻어줘야 감기를 예방할 수 있다.

독감

감기와 비슷하면서도 위험한 질병이 바로 독감이다. 독감에 걸리면 기침, 재채기, 코막힘, 근육통 등 감기와 비슷한 증상을 보이지만, 열이 높이 오르고 심한 근육통이 계속된다. 증상이 심해지면 폐렴이 될 수도 있고 심지어는 목숨을 잃을 수도 있다.

전 세계에서 매년 3백만에서 5백만 명이 독감이 걸리고, 그중 약 10%인 25만 명에서 50만 명이 목숨을 잃는다. 우리나라에서도 독감 때문에 매년 4,000~5,000명이 목숨을 잃는다. 질병의 역사를 살펴보면 독감이 세균이나 바이러스의 감염으로 일어난 질병 중에서 천연두 다음으로 많은 사람의 목숨을 앗아갔다. 천연두는 이미 멸종한 바이러스이므로, 독감으로 인해 죽은 사람의 수가 천연두에 걸려 죽은 사람의 수를 조만간 따라잡으리라 예상된다.

독감은 감기 바이러스와 전혀 다른 인플루엔자 바이러스가 일으킨다. 인플루엔자 바이러스는 A형, B형, C형으로 나눌 수 있다. 병원에서 B형 독감, A형 독감이라는 말을 들어 본 적이 있을 것이다. C형은 자주 발생하지 않고 보통의 감기 증상만 일으키는 착한 독감이다. B형은 자주 발생하지만 A형보다 독성이 약하다. 문제는 A형 인플루엔자 바이러스이다. A형은 가장 독성이 강한 독감을 일으키고 사람을 비롯해 조류, 돼지, 말, 족제비, 강치, 고래 등 다양한 동물을 감염시킨다. 변이도 잘 일어나서 수많은 변종이 있다. 그래서 어느 동물에 감염되기 쉬운지에 따라 각각 '조류 인플루엔자', '돼지 인플루엔자' 등으로 불린다.

인플루엔자 바이러스는 원래 오리 등의 물새를 숙주로 삼는다. 물새 중에는 철새가 많은데, 철새들이 계절이 바뀔 때 다른 지역으로 이동하면서 전 세계로 바이러스를 퍼뜨린다. 그러면서 다양한 동물이 감염되고 사람에게도 전해진다. 이렇게 인플루엔자 바이러스가 숙주로 삼는 동물을 달리하면서 퍼져나갈 수 있는 것은 변이를 잘 일으키기 때문이다. 감기 바이러스나 인플루엔자 바이러스는 유전자로 RNA를 갖는 RNA 바이러스이다. RNA는 모양이 DNA 보다 안정되지 못하기 때문에 숙주세포 안에서 복제될 때 유전 정보가 바뀌는 경우가 많다. 그러면 자손 바이러스는 어미 바이러스와 다른 능력과 모양을 갖는 변이가 쉽게 일어난다. 특히 A형 인플루엔자 바이러스는 계속 변이를 일으켜 사람들을 괴롭혀 왔다.

변종 독감 바이러스의 대유행

역사를 살펴보면, 독감이 크게 유행해 수많은 사람이 목숨을 잃는 사건이 몇 번 있었다. 대표적인 것이 1918년에 시작되어 2년 동안 전 세계에서 2,500만~5,000만 명의 목숨을 앗아간 스페인독감이다. 우리나라에서도 스페인독감으로 14만여 명이 목숨을 잃었다. 당시 유럽은 세계 여러 나라의 군대가 참전한 제1차 세계대전 중이었다. 열악한 병영 생활 때문에 이 독감은 쉽게 퍼졌고, 참전한 군인들이 자기 나라로 돌아가면서 전 세계로 퍼져나갔다. 결국, 스페인독감은 제1차 세계대전의 전사자 수보다 훨씬 많은 사람의 목숨을 앗아갔다.

이때 유행한 독감이 스페인독감이라는 이름을 갖게 된 이유는 당시 세계대전에 참전하지 않은 스페인이 전염병에 대해 적극적으로 보도했기 때문이다. 다른 유럽 나라들은 세계대전에 참전하여 전쟁 중이었으므로 정부에서 언론을 통제했기 때문에 제대로 보도할 수가 없었다.

당시에는 스페인독감을 일으킨 바이러스의 종류에 대해 알지 못했다. 하지만 2005년 미국의 연구진이 1백여 년 전 스페인독감으로 사망한 뒤 알래스카에 묻힌 여성의 폐 조직에서 스페인독감 바이러스를 분리하는 데 성공했다. 알래스카의 얼어붙은 땅이 냉동고 역할을 해서 폐 조직이 잘 보존되었기 때문에 가능한 일이었다. 연구진은 스페인독감을 일으킨 바이러스가 A형 인플루엔자 바이러스 중 하나라는 것을 밝혀냈다.

1957년~1958년에도 독감 바이러스가 전 세계에서 크게 유행했다. 이것은 1957년 중국에서 처음으로 발견되었기 때문에 아시아독감이라고 불리는데 전 세계에서 100만~200만 명의 목숨을 앗아갔다. 이 독감 바이러스는 새로운 종류의 A형 인플루엔자 바이러스였기 때문에 사람들이 면역력을 갖지 못해 많은 수가 희생당했다.

1968년~1969년에도 전 세계에 독감이 유행해 100만 명 이상의 목숨을 앗아갔다. 이 독감은 홍콩에서 처음 발생했기 때문에 홍콩독감이라고 불렸는데, 이 역시 변이를 일으킨 A형 인플루엔자 바이러스였다.

2009년에는 미국에서 시작된 새로운 독감이 유행해 세계를 공포에 떨게 했다. 바로 신종플루이다. 신종플루도 이전에 크게 유행했던 다른 독감 바이러스와 마찬가지로 변이를 일으킨 A형 인플루엔자 바이러스였다. 신종플루라는 말에는 새로운 종류의 인플루엔자 바이러스라는 뜻이 담겨 있다. 따지고 보면, 이전에 크게 유행했던 스페인독감, 아시아독감, 홍콩독감도 모두 새로운 종류의 인플루엔자 바이러스이므로 신종플루라고 불러도 이상할 게 없다.

신종플루는 1백여 년 전에 인류를 공포에 떨게 했던 스페인독감 인플루엔자 바이러스와 비슷한 종류다. 신종플루는 2009년부터 2010년까지 전 세계에서 17,500여 명의 목숨을 앗아갔다. 인류가 그동안 바이러스를 연구해 치료법을 찾아냈기 때문이다. 그 가운데 하나가 타미플루Tamiflu이다.

그런데 매년 유행하는 독감 인플루엔자 바이러스와 수십 년에 한 번씩 크게 유행해 인류를 공포에 몰아넣는 새로운 종류의 인플루엔자 바이러스는 어떤 차이가 있을까? 일반 독감을 일으키는 인플루엔자 바이러스는 매년 비슷한 모습으로 나타난다. 그래서 이미 비슷한 바이러스에 감염된 적이 있거나 백신 주사를 맞아서 면역을 가진 사람들이 많다. 이 때문에 크게 유행하지 않는다. 반면에 신종 인플루엔자는 기존 인플루엔자 바이러스와 다르다. 이 바이러스가 갑자기 나타나면 누구도 면역이 없으므로 빠른 속도로 퍼져나간다. 그래서 신종 인플루엔자 바이러스는 인류에게 두려운 존재이다.

코로나 바이러스의 위험한 변신

요즘 전 세계를 공포에 떨게 하는 코로나 바이러스는 원래 포유류와 조류에서 발견되는 바이러스의 한 종류이다. 코로나 바이러스는 지름 80~160nm의 공 모양이고, 표면에 곤봉 모양으로 늘어선 돌기들이 있다. 이 돌기가 왕관 모습을 떠올리게 하여 라틴어로 왕관을 뜻하는 '코로나'라는 이름이 붙었다.

1930년대 초에 기관지염에 걸린 닭에서 처음 발견되었고, 1960년대에 사람에서도 발견되었다. 코로나 바이러스는 몇 가지로 나뉘는데, 사람을 비롯한 포유동물에게만 감염되는 것이 있고, 조류에만 감염되는 것 그리고 야생 조류와 돼지에게 감염되는 것이 있다. 코로나 바이러스가 사람에게 감염되면 감기를 일으키는데, 주로 두통이나 목의 통증, 콧물, 코막힘, 기침 등의 증상을 보인다.

그런데 코로나 바이러스는 인플루엔자 바이러스처럼 유전자로 RNA를 갖는 RNA 바이러스이기 때문에 변이가 잘 일어난다. 그래서 야생동물 사이에서만 감염되던 코로나 바이러스가 유전자 변이를 일으켜 사람에게 넘어올 수 있다. 코로나 바이러스는 종류에 따라 동물과 사람 모두에게 감염될 수 있으므로 가능한 일이다. 사람이 코로나 바이러스를 가진 야생동물과 밀접하게 접촉하거나 환경 파괴로 갈 곳 잃은 야생동물이 우리 사회를 침범했을 때 가능성이 더 커진다. 대표적인 예가 바로 사스SARS와 메르스MERS 그리고 코로나19이다.

2002년 11월 중국에서 사람에게 감염되는 새로운 코로나 바이러스가 갑자기 나타났다. 바이러스에 감염되면 갑자기 38℃ 이상의 고열이 나고 기침이나 호흡 곤란 등의 증상을 일으키는 폐렴에 걸렸다. 코로나 바이러스는 감염자가 기침 등을 할 때 나오는 비말을 통해 다른 사람에게 감염되어 순식간에 퍼져나갔다. 결국, 수개월 만에 홍콩, 싱가포르, 캐나다 등 세계 각지로 확산했다. 이것이 바로 '사스'이다.

사스 환자에게서 분리한 바이러스의 유전자를 분석한 결과, 기존 코로나 바이러스와 다른 신종 코로나 바이러스였다. 사스 바이러스는 야생동물 거래 시장에서 사향고양이를 통해 사람에게 전파됐다고 알려졌다. 그리고 계속된 연구를 통해 홍콩과 중국 일부 지방에 사는 야생 관박쥐가 숙주 동물로 밝혀졌다. 즉, 야생 관박쥐에서 진화한 사스 바이러스가 사향고양이를 통해 사람에게 전파된 것이다. 세계보건기구는 2003년 8월에 사스 유행이 끝났다고 발표했는데, 총 29개 국가에서 8,096명이 감염되고 774명이 사망해 치사율이 9.6%였다. 특히 65세 이상은 50% 이상의 치사율을 보여 사람들을 공포에 떨게 했다.

2012년, 사우디아라비아에서 사스와 비슷한 전염병이 발생했다.

코로나 바이러스

지름 80~160nm의 공 모양이고, 표면에 곤봉 모양으로 늘어선 돌기가 있다. 이 돌기가 왕관 모습을 떠올리게 하여 라틴어로 왕관을 뜻하는 '코로나'라는 이름이 붙었다. 1930년대 초에 기관지염에 걸린 닭에서 처음 발견되었고, 1960년대에 사람에서도 발견되었다.

이것의 원인도 신종 코로나 바이러스였다. 이 바이러스에 감염되면 발열, 기침과 함께 숨이 차고 설사 증상도 보였다. 세계보건기구는 '메르스'라고 이름 붙였다. 메르스는 중동을 중심으로 유럽, 아프리카, 아시아, 미국 등 26개국으로 퍼져나갔고, 2015년 5월에는 우리나라에도 퍼져 186명이 감염되었다. 메르스는 사스와 달리 비말을 통한 감염이 일어나지 않아 사스보다 전염력이 약했지만, 치사율이 약 35%로 매우 높았다. 메르스 바이러스도 마찬가지로 박쥐에서 진화해 낙타를 통해 사람에게 전염되었다고 알려졌다.

그리고 2020년 초부터 중국 우한시에서 시작된 코로나19는 전 세계로 확산해 인류를 괴롭히고 있다. 많은 사람이 목숨을 잃었고, 세계 경제는 큰 어려움을 겪고 있다. 코로나19를 일으키는 바이러스도 사스, 메르스와 마찬가지로 변이를 일으킨 새로운 종류의 코로나 바이러스였다. 유전자를 비교해 보면 사스 바이러스와 매우 비슷하다. 비말을 통해 전염되므로 전염력이 매우 강하다. 감염되면 열이 나고 기침과 목의 통증 등의 증상이 있고, 면역력이 약한 사람은 폐렴에 걸릴 확률이 높다. 하지만 치사율은 사스보다 낮다. 코로나19를 일으킨 신종 코로나 바이러스도 사스처럼 야생 박쥐에서 시작되었다.

그런데 야생동물에게는 병을 일으키지 않던 바이러스가 사람에게 옮기면서 왜 이렇게 무서운 병을 일으킬까? 원래 바이러스는 숙주가 되는 생물에 병을 일으키지 않은 채 서로 공생하는 경우가 많다. 숙주 생물이 죽으면 자신도 증식할 수 없어 손해이기 때문이다. 이것은 오랜 진화 과정에서 바이러스가 터득한 생존 방법이다. 하지만 바이러스가 새롭게 다른 종으로 옮겨가 살면, 바이러스와 새로운 숙주 동물은 서로에게 오랜 진화를 거친 익숙한 상대가 아니다. 결국, 서로에게 적응하지 못하고 사스나 메르스, 코로나19처럼 치명적인 병을 일으키게 된다.

에이즈 바이러스

1981년 어느 의학 잡지에 뉴욕의 남성 동성애자들 사이에 진균의 한 종류가 일으키는 폐렴이 유행한다는 논문이 실렸다. 그 후, 전 세계에서 이러한 보고가 계속되었다. 이것은 그동안 볼 수 없었던 면역 결핍에 의한 질병이라고 밝혀졌고 '후천성면역결핍증Acquired Immune Deficiency Syndrome'이라는 뜻의 영어 약자인 '에이즈AIDS'라는 이름이 붙었다. 1982년에는 다른 사람의 혈액을 수혈받은 환자에게도 같은 증상이 나타났다. 연구 결과 혈액이나 체액을 통해 감염되는 바이러스가 원인이었다. 1983년 프랑스의 파스퇴르 연구소에서는 사람에게 면역 결핍을 일으키는 에이즈 바이러스를 발견했다. 과학자들은 이것이 아프리카 서부에 사는 침팬지에서 시작되었고 20세기 초 사람에게 옮겨왔다고 추정했다.

에이즈 바이러스는 전 세계 사람들을 공포에 떨게 만들었다. 사람의 몸에는 몸속에 들어온 해로운 미생물을 물리치는 면역 체계가 있는데, 에이즈 바이러스가 이 면역 체계를 파괴하기 때문이다. 에이즈 바이러스에 감염된 사람들은 10년 정도의 잠복기를 거쳐 면역력이 매우 낮아지는 후천성면역결핍증인 에이즈에 걸린다. 에이즈에 걸리면 여러 가지 질병에 쉽게 걸리고 암도 쉽게 발생해 결국에는 목숨을 잃게 된다. 특히 아프리카에서 에이즈로 많은 사람이 목숨을 잃었다. 2010년에 사하라 이남 아프리카에서 2,290만 명이 감염되어 120만 명이 목숨을 잃었는데 이것은 전 세계 에이즈 감염자의 68%이고, 사망자의 66%나 된다. 이로 인해 아프리카 일부 나라에서는 평균 수명이 많이 낮아지기도 했다. 2006년 아프리카 남부에 있는 보츠와나에서는 에이즈로 인해 기대 수명이 65세에서 35세로 낮아졌다.

하지만 지금은 이 바이러스에 감염되어도 치료만 잘 받으면 에이즈에 걸리지 않을 수 있다. 여러 개의 항바이러스 약물을 섞어 처방하는 칵테일 요법으로 에이즈 바이러스의 증식을 막을 수 있기 때문이다. 그렇지만 칵테일 요법은 에이즈 바이러스를 없애지 못하고 증식만 막기 때문에 평생 약을 먹어야 한다는 단점이 있다. 게다가 칵테일 요법은 값비싼 항바이러스 약물이 필요해 선진국에서는 사용할 수 있지만, 아프리카의 가난한 나라에서 이용하기 힘들다. 비싼 약을 평생 먹을 수 없기 때문이다. 결국, 에이즈 바이러스를 퇴치하려면 백신이 필요한데, 아직 안전하게 사용할 수 있는 백신이 개발되지 못했다. 그동안 수십 종의 에이즈 백신 임상 시험이 있었지만, 대부분 실패했다. 에이즈 백신 개발이 힘든 이유는 에이즈 바이러스가 진화를 거듭해 모습을 바꾸기 때문이다. 게다가 에이즈 바이러스는 사람과 침팬지만 감염되기 때문에 동물 실험을 하기 힘들다는 문제도 있다.

말라리아

이제까지 가장 많은 사람의 목숨을 빼앗은 최악의 감염병은 무엇일까? 뜻밖에도 세균이나 바이러스로 인해 생긴 것이 아니라 모기에 물렸을 때 걸리는 '말라리아'다. 말라리아를 일으키는 주범은 모기에 물렸을 때 우리 몸에 들어오는 원생생물의 한 종류인 말라리아 원충이다. 말라리아는 라틴어로 '나쁜 공기'를 뜻하는 말에서 나왔는데, 말라리아가 왜 일어나는지 알 수 없었던 옛날 사람들이 나쁜 공기 때문에 일어나는 병으로 생각해 붙인 이름이다. 우리말로는

'학질'이라고 부르는데, '사람을 모질게 학대하는 질병'이라는 뜻이 담겨 있다.

과거부터 지금까지 약 30억 명의 인류가 말라리아로 목숨을 잃었다는 연구 결과가 있을 정도로 말라리아는 인류에게 최악의 감염병이었다. 지금도 전 세계에 말라리아 감염 환자가 2억 명이나 있고, 매년 40만 명 이상이 목숨을 잃는다. 특히 말라리아 감염자가 많은 아프리카에서는 수많은 어린이가 목숨을 잃었다.

말라리아는 모기 속에 있는 말라리아 원충이 모기의 타액을 타고 사람의 몸에 들어가면서 시작된다. 말라리아 원충은 간에서 간세포를 파괴하며 증식한다. 하지만 간은 통증을 느낄 수 없는 장기이기 때문에 우리는 이를 느낄 수 없다. 간에서 나온 말라리아 원충은 혈액에 있는 적혈구로 들어가 적혈구를 파먹으면서 증식하는데, 이 과정에서 적혈구가 파괴되고 고열이 난다. 그러다 말라리아 원충이 다시 간이나 다른 곳으로 숨어들면 열이 내린다. 그래서 말라리아에 걸리면 열이 오르고 내리는 과정이 반복된다. 약이 개발되어 치료할 수 있지만, 발병 초기에 치료를 제대로 못 받으면 목숨을 잃을 수 있다.

모기는 말라리아 원충의 중간숙주로, 모기가 말라리아 감염 환자의 피를 빨면 핏속의 적혈구와 함께 말라리아 원충이 모기 몸속으로 옮겨가서 머문다. 이 모기가 다른 사람의 피를 빨 때 모기 몸 안

에 있던 말라리아 원충이 사람의 몸으로 들어간다. 모기는 사람의 피를 빨기 전에 피 응고를 막는 물질을 먼저 사람의 몸에 밀어 넣는데, 이 과정에서 말라리아 원충이 몸으로 들어간다. 이런 과정을 거쳐 모기가 말라리아를 전염시킨다. 그러므로 말라리아에 걸리지 않으려면 무엇보다 모기에 물리지 않아야 한다.

　말라리아 원충은 지역마다 차이가 있다. 우리나라 말라리아 원충이 일으키는 말라리아는 사망률이 낮고 치료가 비교적 쉽지만, 아프리카 등 열대 지방에 있는 말라리아 원충은 그렇지 않다. 그래서 아프리카, 남아메리카, 인도, 동남아를 방문하는 사람들은 모기에 물리지 않도록 주의를 해야 한다.

한걸음 더 깊이

공포의 바이러스 '에볼라Ebola'

1976년 6월, 아프리카 수단의 어느 마을에서 남자 한 명이 갑자기 높은 열과 함께 가슴에 심한 통증을 일으켰다. 그는 코와 입에서 피를 흘리며 목숨을 잃었다. 이 사건이 일어나고 얼마 후에 그와 접촉했던 사람 2명이 같은 증상을 보이며 목숨을 잃었다. 그 후, 그 지역에서 284명이 같은 증상을 보였고, 그중 151명이 목숨을 잃는 무시무시한 일이 벌어졌다.

과학자들은 원인을 찾기 위해 연구했다. 그 결과, 이제까지 알려지지 않았던 전혀 새로운 바이러스가 범인임을 알아냈다. 그리고 이 바이러스의 첫 희생자가 살던 마을 근처의 강 이름을 따 '에볼라 바이러스'라고 이름 지었다.

에볼라 바이러스는 1976년 이후 40여 년 동안 아프리카 사하라 사막 남쪽 지역에서 20회가 넘게 발생해 많은 사람의 목숨을 앗아갔다. 특히 서아프리카에서는 2013년 12월부터 2015년 1월까지 집단 감염이 일어나 2만 명 넘게 감염되었고, 그중 8천여 명이 목숨을 잃었다.

에볼라 바이러스에 감염된 사람은 '에볼라 출혈열'이라는 질병을 일으킨다. 감염된 후 2일~21일이 지나면 열이 오르고 근육통과 두통, 목 통증이 나타난다. 그러다 구토와 설사가 거듭되고, 신장과 간의 기능에 장애가 생긴다. 또 잇몸과 소화기에 출혈이 생기고, 온몸의 피하에서 출혈이 일어난다. 결국에는 신장과 간의 기능 저하와 많은 양의 피를 흘려 목숨을 잃는다.

에볼라 바이러스는 치사율이 90%에 이른다. 이런 높은 치사율을 보이는 이유는 사람의 몸속에 들어가서 급격하게 증식하기 때문이다. 이렇게 되면, 우리 몸의 면역 시스템이 과잉반응을 일으킨다. 몸 여기저기에 출혈을 일으키고 여러 장기의 기능을 떨어뜨리는데, 이런 증상이 심해지면 목숨을 잃는다.

다행스럽게도 이 바이러스는 감염자의 혈액이나 체액을 통해서만 감염되고 공기를 통해서는 감염되지 않는다. 그래서 인플루엔자 바이러스나 코로나 19 바이러스처럼 폭발적인 전염은 일어나지 않는다. 과거에 에볼라 바이러스가 유행한 지역은 모두 의료 시설이 부족한 곳이었다. 마스크나 가운, 주사기 등 바이러스의 감염을 막는 기초적인 의료 기구의 부족은 에볼라 바이러스 전파에 큰 영향을 끼쳤다.

그런데 에볼라 바이러스가 왜 갑자기 나타난 걸까? 미국 육군미생물연구소와 프랑스의 파스퇴르 연구소는 에볼라 바이러스의 자연 숙주를 찾기 위해 노력했다. 자연 숙주는 원래 바이러스를 몸속에 지니며 아무 탈 없이 공생하는 동물을 말한다. 에볼라 바이러스 발생 지역은 모두 열대 우림에서 가까웠다. 연구진들은 열대 우림에 둘러싸인 동굴 속에 사는 박쥐의 몸에서 에볼라 바이러스 유전자를 발견했다. 연구진은 그 박쥐를 자연 숙주로 의심하고 있다. 아마도 인간이 우연히 이 박쥐와 접촉하면서 감염이 시작되었을 가능성이 있다. 또는 이 박쥐와 접촉한 침팬지나 고릴라 등의 다른 동물이 에볼라 바이러스에 감염된 후 인간과 접촉하면서 감염이 시작되었을 가능성도 있다.

05

세균과
바이러스의
공격을
막아라

외부 미생물을 막는 우리 몸의 장치들

모든 생명체는 자신에게 해를 입히는 다른 생명체에 맞서 끊임없이 대항하며 진화해왔다. 눈에 보이지 않는 미생물 공격에도 마찬가지다. 생명체는 외부 미생물 공격에 맞선 방어 체계를 몸속에 만들어왔다. 인간도 예외가 아니다. 인간 몸에는 복잡한 방어 장치가 있어 세균과 바이러스의 공격에 맞서고 있다.

우리 몸에 들어오려는 외부 미생물을 가장 먼저 막는 장치는 피부다. 피부 맨 바깥층에 있는 표피는 외부 물질이 통과하지 못하게 하는 단백질이 있어 외부 미생물이 들어오는 걸 막는다. 눈에도 외부 미생물이 들어오지 못하게 하는 장치가 있다. 바로 눈물이다. 눈물은 외부에서 들어온 미생물을 씻어내어 밖으로 내보낸다. 눈물 속에는 해로운 미생물을 죽일 수 있는 물질도 들어있다.

그런데 우리가 살아가려면 외부에서 공기와 음식물이 몸 안으로 들어와야 한다. 이때 외부 미생물도 함께 들어온다. 그래서 코 안과 입 안의 목구멍에는 외부 미생물을 걸러내는 장치들이 있다. 외부 미생물이 입 안으로 들어오면 가장 먼저 침을 만나야 한다. 침에는 소화를 돕는 효소뿐만 아니라 해로운 미생물을 죽이는 살균 물질도 있다. 그리고 코 안에는 수많은 털이 있다. 이 털이 공기와 함께 들어오는 외부의 먼지와 미생물을 걸러낸다. 마치 공기청정기의 필터처럼 말이다. 또 코 안과 목구멍의 점막은 끈끈한 점액으로 덮여 있다. 점막은 외부와 직접 접촉하는 호흡기관이나 소화기관 등을 감싸는 부드러운 조직을 말한다. 점막은 점액을 분비해 늘 끈끈하고 미끄러운 상태이다. 이 점액 때문에 바이러스나 세균이 점막 안으로 쉽게 침입할 수가 없다. 게다가 이 점액에는 살균 작용을 하는 단백질이 있다. 그런데 주변이 건조해 점액이 말라버리면 외부 미생물이 점막 안으로 침입할 수 있다. 그래서 감기가 유행하는 겨울에는 감기 바이러스가 점막에 침입하지 못하도록 물을 자주 마시고 가습기를 틀어 공기를 습하게 만들어야 한다.

목구멍을 통과한 미생물은 기관지나 식도로 들어갈 수 있다. 기관지 점막에도 끈끈한 점액이 있어 미생물이 쉽게 침입하지 못한다. 또 기관지의 수많은 섬모는 이물질을 외부로 운반해 호흡기 밖으로 내보내는 역할을 한다. 식도로 들어간 미생물은 위에서 대부분 제거된다. 위는 위액을 분비하는데, 강한 산성 물질인 염산이 섞여 있다. 음식물과 함께 들어온 세균이나 바이러스는 염산 때문에 대부분 죽는다.

그런데 세균이나 바이러스가 코 안이나 목구멍, 기관지, 위나 장의 점막을 뚫고 내부로 들어가면 어떻게 될까? 이때부터는 우리 몸의 또 다른 방어 장치들이 세균이나 바이러스에 맞서 싸운다. 그 장치가 바로 면역계이다.

우리 몸의 면역계

우리 몸 면역계의 주인공은 여러 가지 백혈구들이다. 예를 들어 감기 바이러스가 코 안이나 목구멍의 점막 안으로 침입하면, 백혈구들이 움직이기 시작한다. 먼저 식세포라고 불리는 백혈구의 일종이 감기 바이러스를 잡아먹고 일부 백혈구들이 사이토카인cytokine이라는 신호전달물질을 분비한다. 사이토카인은 바이러스에 감염된 조직의 모세혈관에 많은 혈액이 흐를 수 있도록 혈관을 넓히라는 신호를 보낸다. 신호를 받은 혈관은 넓어지고 혈관을 감싸는 세포들의 간격도 넓어지는데, 이러면 혈액 속 물질이 혈관 밖으로 빠져나가기 쉬워진다. 겉에서 보면 이 조직은 빨갛게 붓고 열이 나는데, 이것을 염증 반응이라고 한다. 또 각종 백혈구와 살균 작용을 하는 단백질들은 혈액을 따라 온몸을 돌아다니는데, 이들은 염증 반응이 일어난 곳의 혈관에서 쉽게 빠져나와 바이러스나 세균이 침투한 조직으로 신속하게 모일 수 있다. 우리 몸에 상처가 났을 때 빨갛게 붓는 게 이 때문이다. 그리고 나중에 여기서 생긴 고름은 세균이나 바이러스 그리고 백혈구가 죽어서 남긴 잔해이다.

또한 사이토카인은 혈액을 타고 돌아다니다 뇌에도 신호를 전달하는데, 이때 뇌의 체온 중추가 신호를 받으면 체온을 올린다. 체온이 올라가면 바이러스 증식이 억제되고 면역 세포 활동이 활발해져서 바이러스를 막는 데 도움이 된다. 그리고 사이토카인 신호를 받은 점막은 점액 분비량을 늘려 점막 내부로 침입하려는 바이러스나 세균을 막는다. 그래서 감기에 걸리면 코 안에 점액량이 늘어나 콧물을 흘린다. 게다가 콧물에는 세균을 죽이는 라이소자임 Lysozyme이라는 물질까지 들어있다. 이렇게 콧물이 많아지면 코 안에서는 자극을 받아 이물질을 밖으로 내보내려는 반사 작용이 일어나는데, 바로 재채기다. 그래서 열이 나고 재채기를 하며 콧물을 흘린다고 무조건 약을 찾아서는 안 된다. 감기약은 대부분 감기를 일으킨 원인인 바이러스를 없애는 약이 아니라 이런 증상을 없애 주는 약이기 때문이다. 차라리 며칠 푹 쉬어 몸의 면역력을 높이는 게 더 좋다. 우리 몸의 면역 세포들이 바이러스를 없앨 수 있도록 말이다. 이제까지 설명한 면역계의 활동을 '선천성 면역'이라고 부른다. 이 면역은 태어나면서부터 이미 가지고 있는 방어 장치이다.

한편, 림프구라고 불리는 백혈구는 다른 방법으로 침입한 세균이나 바이러스를 막아낸다. 림프구에는 T세포와 B세포가 있는데, T세포는 식세포처럼 침입한 세균이나 바이러스를 직접 공격하고 B세포에 신호를 보낸다. 신호를 받은 B세포는 몸 안에 들어온 세균이나 바이러스를 특별한 물질로 인식하고 이에 반응할 수 있는 물질을 만들기 시작한다. B세포가 만든 물질을 '항체'라 하고, 항체를 만드는 원인을 제공한 물질을 '항원'이라고 부른다. 항체는 항원인 세균이나 바이러스에 붙어 이들이 자유롭게 활동하는 것을 막고 T세포나 식세포 등의 백혈구가 이들을 쉽게 발견해 잡아먹을 수 있게 해준다. 이러한 항체를 이용한 면역을 '후천성 면역'이라고 부른다.

후천성 면역은 침입했던 세균이나 바이러스를 기억하는 장치가 있다. 이것은 후천성 면역을 일으키는 T세포와 B세포 일부가 다음의 적 침입을 대비해 '기억 세포'로 몸속에 남아 있기 때문이다. 후천성 면역은 선천성 면역보다 느리게 나타나지만 이렇게 과거의 침입자를 기억하는 능력이 있어서 그 침입자를 다시 만나면 훨씬 빠르고 확실하게 방어할 수 있다. 그래서 어떤 질병에 후천성 면역을 가진 사람은 그 질병에 다시 걸리지 않거나 걸려도 비교적 가벼운 증상만 나타난다. 이것을 이용한 질병 예방법이 바로 백신이다.

백신

질병을 일으키는 세균이나 바이러스를 인공적으로 처리해 병을 일으키지 못하지만 우리 몸 후천성 면역계가 항원으로 인식하게 만든 것을 백신이라고 한다. 예를 들어 영양분이 부족해 약해진 세균이나 조각난 바이러스가 백신이 될 수 있다. 백신을 우리 몸에 집어넣으면 세균이나 바이러스가 일으키는 질병에 걸리지 않으면서 후천성 면역계가 그에 맞는 항체를 만들고 기억 세포를 남길 수 있다. 그러면 그 세균이나 바이러스가 우리 몸에 침입하더라도 기억 세포의 빠른 활동으로 많은 항체를 만들어 초기에 방어할 수 있다.

인류가 처음으로 만든 백신은 1796년 영국의 에드워드 제너가 만든 천연두 바이러스 백신이다. 당시는 바이러스의 존재 자체도 몰랐을 텐데 어떻게 백신을 개발했을까? 그 사연은 다음과 같다. 당시 우유를 짜는 사람들은 소들이 걸리는 천연두라고 할 수 있는 우두에 가끔 전염되었다. 우두는 무서운 병이 아니었고, 우두를 한번 앓은 사람은 천연두에 걸리지 않았다. 제너는 여기에서 힌트를 얻었다.

'사람들에게 일부러 우두를 전염시키면 무서운 천연두를 예방할 수 있을지도 몰라.'

그는 우두에 전염된 사람의 손바닥에 생긴 종기에서 얻은 고름을 바늘에 묻혀 8살짜리 소년의 팔을 긁었다. 그 소년은 제너의 집에서 일하는 가정부의 아들이었다. 며칠 뒤 소년은 약한 우두 증세를 보이다가 회복했다. 6주 후에 제너는 소년에게 진짜 천연두 고름을 주사했다. 당시 천연두는 목숨을 위태롭게 하는 위험한 질병이었기 때문에 소년의 목숨을 건 위험한 실험이었다. 다행히 제너의 예상대로 소년은 천연두에 걸리지 않았다. 우두에 감염된 사람은 우두에 대한 항체가 몸 안에 생겼는데, 이 항체가 천연두까지 막아준 것이다. 우두 바이러스와 천연두 바이러스는 비슷한 종류였기 때문에 가능한 일이었다. 제너는 이러한 원리를 몰랐지만 자신의 경험을 바탕으로 세계 최초로 백신을 만들었다. 이것을 우두접종법이라고 부른다.

1880년 프랑스 미생물학자 파스퇴르는 닭콜레라를 일으킨 세균을 찾기 위한 연구를 하다가 또 다른 백신을 개발했다. 당시 닭콜레라가 창궐해 농가에 피해가 많았다. 그는 닭콜레라를 일으키는 세균을 찾아내는 데 성공하고 조수에게 그 세균을 배양하도록 지시했다. 그런데 조수는 지시를 깜박 잊고 휴가를 떠났다. 며칠 후, 파스퇴르는 오래된 배양액 안에서 영양분이 부족해 약해질 대로 약해진 닭콜레라 균을 발견했다. 파스퇴르는 그걸 보고 엉뚱한 생각을 했다.

'이렇게 약해진 균도 닭에게 닭콜레라를 일으킬까?'

그는 약해진 닭콜레라 균을 닭에게 주사했다. 그런데 주사를 맞은 닭들이 닭콜레라에 걸리지 않았다.

'오, 그래. 잘하면 제너의 우두접종법처럼 닭콜레라에 걸리지 않는 방법을 찾아낼 수 있겠어.'

그는 약해진 닭콜레라 균을 주사했던 닭과 그렇지 않은 보통 닭 모두에게 강한 닭콜레라 균을 주사했다. 그러자 보통 닭은 닭콜레라에 걸렸고, 약해진 닭콜레라 균을 주사했던 닭은 조금 앓다가 금

에드워드 제너의 예방접종, Hillemacher, 1884년 그림

당시 우유를 짜는 사람들은 소들이 걸리는 우두에 가끔 걸렸는데, 우두를 한번 앓은 사람은 천연두에 걸리지 않았다. 제너는 우두에 걸렸던 사람의 손바닥에 생긴 종기에서 얻은 고름을 바늘에 묻혀 8살짜리 소년에게 주사했다.

방 회복했다.

'약해진 세균을 주사하면 병을 가볍게 앓은 다음 그 병에 대한 면역력이 생기는군.'

파스퇴르는 약하게 만든 세균을 '백신'이라 이름 붙였다. 파스퇴르 덕분에 농민들은 닭콜레라로부터 키우던 닭들을 보호할 수 있었다. 이후 파스퇴르는 탄저병 백신과 광견병 백신도 개발했다.

그 후, 많은 과학자가 백신 개발을 위해 노력했다. 그 결과 장티푸스, 콜레라, 페스트 백신이 개발되었고, 1909년에는 결핵을 예방하는 백신이 개발되었다. 계속해서 소아마비, 홍역, 간염 등 수많은 백신이 개발되었다. 이런 백신 개발로 인류는 세균이나 바이러스가 일으키는 무서운 질병에서 벗어날 수 있는 길을 찾게 되었다.

몸속 세균을 죽이는 화학물질

우리 몸은 외부에서 온 세균이나 바이러스를 막는 여러 장치가 있다 하더라도 심한 상처를 입거나 면역력이 떨어졌을 때는 세균과 바이러스를 이겨낼 수가 없다. 그러면 우리 몸 전체로 해로운 세균과 바이러스가 퍼져 결국 목숨을 잃을 수 있다. 우리가 걸리는 많은 질병의 원인이 세균이나 바이러스의 감염으로 밝혀진 후로 과학

자들은 사람 몸에서 병을 일으킨 세균과 바이러스를 없애는 방법을 찾기 위해 노력했다.

가장 먼저 성과를 보인 사람은 독일의 세균학자 에를리히였다. 그는 1909년 자신의 실험실에서 '살바르산salvarsan'이라고 불리는 화학물질을 만들어냈다. 살바르산은 '사람을 구한다'는 뜻과 화학물질인 '비소'가 합친 말이다. 살바르산은 나선 모양의 세균인 스피로헤타에 효과가 있었다. 스피로헤타 세균이 일으키는 가장 대표적인 질병은 성병인 매독이었다. 매독은 유럽인들이 신대륙을 발견한 후에 신대륙에서 유럽으로 퍼진 질병이다. 당시 사람들은 매독을 성병이라는 이유로 신의 저주라고 말했는데, 음악가인 슈베르트, 슈만, 작가인 알퐁스 도데 등 많은 유명인이 이 병에 걸렸을 정도로 유럽에 널리 퍼져 있었다.

에를리히는 살바르산을 매독에 걸린 토끼에게 주사했다. 단 한 번의 주사에 토끼 몸 안에 있던 매독균이 대부분 죽었다.

'이제 이 약으로 사람을 치료해 봐야겠어.'

용기를 얻은 그는 50명의 매독 환자에게 살바르산을 주사했다. 주사를 맞은 환자들은 매독이 치료되면서 살바르산은 매독 치료약으로 쓰였다. 그런데 살바르산은 실험실에서 만든 화학물질이었기 때문에 부작용도 있었다. 하지만 사람 몸에서 세균을 죽이는 최초의 약이었기 때문에 한동안 계속 사용되었다. 지금은 사용되지 않는다.

그다음으로 나온 화학물질은 설파제sulfa drug이다. 설파제는 1927년 독일의 의사인 게르하르트 도마크가 세균에 감염된 실험용 쥐 치료에 효과를 보인 물질을 발견하면서 시작되었다. 도마크는 이 물질로 설파제를 개발했다. 설파제는 세균의 성장을 방해하기 때문에 각종 세균 감염으로 생긴 질병을 치료할 수 있었다. 하지만 이 설파제도 실험실에서 만든 화학물질이기 때문에 부작용이 있었다. 현재는 특별한 경우가 아니면 잘 쓰이지 않는다.

항생제 개발

비슷한 시기에 영국에도 세균을 없애는 방법을 찾기 위해 연구 중인 사람이 있었다. 바로 알렉산더 플레밍Alexander Fleming이다. 그는 원래 외과의사였다. 제1차 세계대전에 군의관으로 참전해 부상병을 치료했는데, 부상병들이 세균에 감염되어 불구가 되거나 목숨을 잃는 모습을 보고 의사로서 한계를 느꼈다. 그래서 전쟁 끝난 후 연구실에서 세균 연구를 시작했다.

1928년 9월 어느 날, 플레밍은 종기와 폐렴을 일으키는 포도상구균을 배양해 놓고 휴가를 다녀왔다. 그런데 휴가를 떠나기 전에 실수로 배양 접시에 뚜껑을 닫아두는 걸 깜빡 잊었다. 휴가를 다녀오는 동안 배양 접시는 공기에 계속 노출되어 곰팡이가 피었다. 그는 곰팡이가 핀 배양 접시를 보고 한숨을 쉬었다.

'어휴, 내 정신 좀 봐. 배양 접시 뚜껑을 열어놓고 휴가를 갔다 왔군. 포도상구균을 다시 배양해야겠어.'

플레밍은 배양 접시를 씻으려 했다. 그런데 배양 접시에서 이상한 점을 발견했다.

"어? 푸른곰팡이가 생긴 곳 주변에는 포도상구균이 없네."

플레밍은 푸른곰팡이가 포도상구균을 죽였을지도 모른다는 생각을 하고 새로운 실험을 시작했다. 잘 배양된 포도상구균 옆에 푸른곰팡이를 자라게 한 것이다. 며칠 뒤 그의 예상대로 푸른곰팡이가 있는 배양 접시에서는 포도상구균이 살아남지 못했다. 그는 연구를 계속한 결과 푸른곰팡이에서 나온 '페니실륨 노타튬'이라는 물질 때문에 세균이 죽었음을 알게 되었다. 그는 이 물질을 '페니실린penicillin'이라 이름 지었다. 페니실린은 인류 최초의 항생제이다. 항생제가 살바르산이나 설파제와 다른 점이 뭘까? 살바르산과 설파제는 인공적으로 만든 화학물질이다. 하지만 페니실린은 미생물인 곰팡이가 만들어낸 물질이다. 생물이 만든 물질이므로 살바르산이나 설파제보다 안전했다.

플레밍은 동물 실험을 통해 페니실린이 동물에게 해를 끼치지 않고 세균만 죽인다는 사실을 알아냈다. 그리고 1941년에 사람을 대상으로 실험을 시작했다. 먼저 급성 패혈증에 걸린 환자에게 페니실린을 주사했다. 그 환자는 페니실린을 맞고 눈에 띄게 회복되었다. 하지만 실험을 위해 준비한 페니실린이 부족해 주사를 중단하자 병세가 나빠졌고 결국 목숨을 잃었다. 페니실린을 사용한 두 번째 환자는 수술 뒤 세균 감염으로 죽어가던 15살 소년이었다. 소년은 페니실린 주사를 맞고 완전히 회복했다. 그 후, 페니실린은 세균 감염으로 죽어가는 환자를 여러 명 살려냈다. 플레밍은 페니실린이 인간에게 해를 끼치지 않고 세균만 죽인다는 것을 확인했다.

당시는 제2차 세계대전이 한창이었다. 페니실린은 부상당한 군인들에게 꼭 필요한 의약품이었다. 그래서 1942년부터 페니실린이 대량 생산되었고 곧바로 전쟁 지역에 보내져 부상병의 세균 감염을 막았다. 덕분에 수많은 병사의 목숨을 살릴 수 있었다. 플레밍은 이 공로를 인정받아 1945년 노벨상을 받았다.

페니실린의 성공에 자극받은 전 세계 과학자들은 또 다른 항생물질을 찾기 위해 노력했다. 그 결과, 1943년 미국의 미생물학자인 셀먼 왁스먼Selman Waksman은 토양 속의 미생물이 만들어내는 '스트렙토마이신streptomycin'이라는 새로운 항생물질을 발견했다. 그 후로도 20종류의 새로운 항생물질이 더 발견되어 세균 감염으로 일어나는 다양한 질병을 치료하고 있다.

알렉산더 플레밍

푸른곰팡이에서 우연히 발견한 물질을 '페니실
린'이라 이름 지었다. 페니실린은 인류 최초의
항생제이다.

항생제의 피해와 내성

항생제는 인간에게 해를 끼치지 않고 세균만 죽이는 물질이다. 우리 몸에는 전체 세포 수보다 훨씬 많은 다양한 세균들이 살고 있다. 우리 몸은 세포와 세균이 공생하는 하나의 생태계라고 할 수 있다. 그런데 항생제는 나쁜 세균과 착한 세균을 가리지 못한다. 항생제를 많이 먹으면, 우리 몸에 있는 좋은 균들도 죽게 된다. 특히 우리 장에는 많은 종류의 유익한 균들이 살고 있는데, 큰 피해를 볼 수 있다. 항생제를 복용하는 동안 복부팽만과 설사를 경험하기도 하는데 이는 항생제로 장 세균들 사이에 문제가 일어나기 때문이다.

또 항생제를 쓸데없이 함부로 사용하면 그 항생제에 내성을 가진 세균이 생길 수 있다. 페니실린을 발견한 플레밍도 항생제에 내성을 가진 세균을 염려했다. 그는 항생제를 필요한 양보다 너무 적거나 너무 짧은 기간 투여해 세균이 완전히 박멸되지 않고 살아남으면 그 항생제에 죽지 않는 세균이 생길 수 있다고 경고했다. 플레밍의 경고대로 페니실린이 처음 의약품으로 쓰이고 몇 년이 지난 후 페니실린에 내성을 가진 세균이 발견되었다. 얼마 후 이 세균을 제압하는 새로운 항생제가 개발되기는 했지만 다시 내성을 가진 세균이 발견되었고 이러한 과정이 반복되었다. 지금은 모든 항생제에 내성을 가진 세균도 발견되었을 정도이다. 이 세균은 항생제 내성균과 새로운 항생제 개발이라는 치열한 전투에서 끝까지 살아남은 최후의 승리자다. 이 세균에 감염되면 치료 방법이 없다. 하지만 언젠가는 그 세균을 죽이는 새로운 항생제가 개발되어 다시 전투는 이어질 것이다.

그런데 내성을 가진 세균은 왜 끊임없이 생길까? 세균은 유전자수가 매우 적다. 게다가 분열을 통해 자주 번식하므로 다양한 돌연변이가 생길 수 있다. 그러면 돌연변이 중에 항생제에 내성을 가진세균이 있을 가능성이 있다. 수백만 마리 세균 중에 한두 마리는 항생제에 내성을 가진 돌연변이일 수 있다는 뜻이다. 그런데 항생제를 함부로 사용해 다른 세균들은 모두 죽고 이 돌연변이만 살아남으면 이 돌연변이가 본격적으로 증식해 항생제에 내성을 가진 세균이 널리 퍼질 수 있다.

병원과 같이 감염된 환자들이 북적이고 여러 종류의 항생제가많이 사용되는 곳에서는 여러 항생제에 내성을 가진 위험한 세균이탄생할 수도 있다. 이런 세균을 '슈퍼박테리아'라고 부른다. 하지만아무리 강력한 슈퍼박테리아라고 해도 우리 몸의 면역계가 튼튼하다면 두려워할 필요가 없다. 슈퍼박테리아는 항생제 내성 외에 다른 특별한 능력은 없기 때문이다. 하지만 면역력이 떨어진 환자는이 세균에 감염되면 마땅한 치료 방법이 없어 매우 위험하다.

백신의 아버지, 루이 파스퇴르

　루이 파스퇴르는 1822년 프랑스 부르고뉴프랑슈콩테의 작은 시골 마을에서 태어났다. 아버지는 무두장이였고 어머니는 평범한 주부였지만, 부모님의 교육열은 대단했다. 그는 파리의 고등사범학교에 입학해 공부했고, 27살인 젊은 나이에 화학을 가르치는 대학교수가 되었다.

　그가 릴 대학에 교수로 근무하고 있을 때였다. 근처의 양조업자가 그를 찾아왔다.

　"교수님, 포도주가 시간이 지나면서 시큼하게 변하는 이유 좀 알려주세요."

　파스퇴르는 양조업자의 부탁으로 술통에서 표본을 채취해 조사했다. 그는 술맛이 변한 술통과 변하지 않은 술통의 표본을 현미경으로 관찰하면서 뭔가 다름을 알아냈고 술맛이 변한 술통에 생물이 있음을 발견했다. 바로 세균이었다. 이를 계기로 파스퇴르는 화학보다는 미생물 연구에 빠져들었다.

　파스퇴르는 포도주가 시큼해지는 것을 막는 해결책도 알아냈다. 포도주의 맛은 유지하면서 포도주의 안의 미생물을 죽일 만큼만 적절히 가열하는 것이다. 이 방법을 '저온살균법', 또는 '파스퇴르법'이라 부르는데, 술이나 우유의 유해한 미생물을 제거할 때 지금도 사용하는 방법이다.

　1865년 파스퇴르는 어린 큰딸을 장티푸스로 잃으면서 전염병을 일으키는 미생물 연구에 더욱 빠져들었다. 얼마 후, 그는 나폴레옹 3세를 만날 기회가 얻었는데, 황제 앞에서 이렇게 말했다고 한다.

파스퇴르 연구소

"제 꿈은 병을 일으키는 미생물을 발견하는 것입니다."

그런데 1868년에 뇌졸중으로 쓰러지면서 후유증으로 죽을 때까지 몸의 왼쪽을 자유롭게 쓰지 못했다. 이런 장애에도 불구하고 그는 1870년 프랑스와 독일이 사이에 보불전쟁이 일어나자 자원입대하려 했다. 당연히 거부당했지만, 그의 애국심에 많은 사람이 감탄했다. 참고로, 당시 이 전쟁에는 미생물학자로 라이벌이었던 로베르트 코흐가 참전했다. 전쟁에서 프랑스가 패하자 그는 3년 전 독일 본 대학에서 받은 의학박사 학위를 반납하며 이런 같은 말을 남겼다.

"과학에는 국경이 없지만, 과학자에게는 조국이 있다."

1880년, 파스퇴르는 닭콜레라 백신을 개발하면서 백신이라는 이름을 처음으로 사용했고, 이듬해에는 탄저균 백신을 개발해 가축에게 접종했다. 1884년에는 광견병에 걸린 토끼의 척수를 이용해 광견병 백신을 만들고, 이 백신을 개에 주사해 개의 광견병도 예방했다.

그런데 1885년 7월, 미친개에게 물린 아홉 살 소년과 어머니가 그의 실험실을 찾아왔다. 파스퇴르는 광견병 백신을 사람에게 실험해 본 적이 없어 백신 접종을 망설였다. 하지만 시간이 흐르면 소년의 몸에 광견병 바이러스가 퍼져 생명이 위험했다. 그러면 백신 주사도 소용이 없으므로 용기를 내어 광견병 백신을 주사했다. 결국, 그 소년은 광견병 증세를 보이지 않고 치료되었다.

1888년에는 프랑스 과학아카데미의 도움을 받아 파리에 자신의 이름을 딴 파스퇴르 연구소를 세웠는데, 훗날 이 연구소는 세계 의과학 연구의 중심지로 성장했다. 73세의 나이로 세상을 떠난 그의 무덤은 파스퇴르 연구소 지하에 있다.

06

세균과
바이러스의
이용

발효

인류는 오래전부터 미생물을 이용해 왔다. 대표적인 예가 바로 '발효'다.

발효는 세균 등의 미생물이 유기물을 분해해 인간이 먹을 수 있는 식품을 만드는 것을 말한다. 반대로 먹을 수 없는 것을 만들 때는 '부패'라고 한다. 부패 과정에서 나오는 물질은 인간이 먹을 수 없을 뿐만 아니라 대부분 해를 끼치는 것들이 많다. 발효는 주로 탄수화물을 분해할 때 일어나고, 부패는 단백질을 분해할 때 주로 일어난다.

옛날 사람들은 미생물의 존재도 모른 채 미생물을 이용해 발효 음식을 만들었다. 그때는 냉장고가 없었기 때문에 식품을 신선하게 보관할 방법이 마땅치 않아 식품들이 먹기도 전에 자주 상하곤 했다. 그러나 음식이 부족해 상한 식품을 버리지 못하고 여러 가지 방법으로 조리해 먹는 경우가 많았는데 상한 것처럼 생각되는 식품 중에는 먹어도 괜찮을 뿐 아니라 오히려 맛이 더 좋아지는 것이 있었다. 이런 경험이 쌓이면서 발효 음식이 자리를 잡게 되었다.

여러 가지 발효 음식

요구르트는 대표적인 발효 식품 중 하나이다. 요구르트는 고대 페르시아와 아랍의 유목민들이 처음 만들었다. 그들은 우유나 염소젖 등을 먹었는데, 우유나 염소젖에 우연히 유산균이 들어가 발효가 되면서 요구르트가 되었다. 요구르트는 우유나 염소젖보다 오래 보관할 수 있는 데다 맛도 좋고 건강에 좋았다. 그러면서 우유나 염소젖으로 요구르트를 만들어 먹기 시작했다.

그런데 요구르트가 신맛이 나고 푸딩처럼 굳는 이유는 뭘까? 유산균이 유당이라는 우유 속 탄수화물을 분해하면서 젖산을 만들어 내어 신맛이 나고, 젖산에 우유 속 단백질이 응고되면서 푸딩처럼 변한 것이다.

우리 민족의 대표적인 음식인 김치도 유산균 발효가 필요하다. 김치가 익으면 신맛이 나는데, 이것은 유산균이 젖산을 만들어내기 때문이다. 김치의 감칠맛도 김치 만들 때 들어가는 젓갈 등이 발효되면서 만든다. 그런데 유산균은 대부분 산소를 싫어하기 때문에 김치를 먹을 만큼만 꺼내고 잘 밀봉해야 오랫동안 맛있게 먹을 수 있다. 공기에 너무 오래 노출되면 산소를 싫어하는 유산균 대신 효모가 활발하게 자라기 때문이다. 그러면 김치의 맛이 떨어진다.

그리고 우리가 즐겨 먹는 청국장도 세균 발효로 만든 식품이다.

청국장은 삶은 콩을 볏짚에 있는 고초균으로 발효시켜 만든다. 우리 조상은 고초균의 존재를 몰랐지만 삶은 콩을 볏짚으로 덮고 덥지도 춥지도 않은 집 안에 3일 정도 놓아두면 발효가 일어나 청국장이 된다는 사실을 경험을 통해 알아냈다. 고초균은 원래 흙이나 마른 풀에 사는 세균인데, 삶은 콩을 만나면 콩 단백질을 분해해 글루탐산 glutamic acid 이라는 물질을 만든다. 잘 발효된 청국장 콩을 숟가락으로 퍼 올리면 콩에 붙은 끈적거리는 물질을 볼 수 있다. 이것이 바로 글루탐산이다. 글루탐산이 들어간 음식은 맛이 좋아진다.

옛날에는 오랫동안 보관한 술이 상해 식초가 되는 경우가 많았다. 식초가 아주 유용한 물질이라는 것을 알게 되면서 일부러 술을 발효시켜 식초를 만들었다. 당연히 술에 든 알코올을 초산균이라는 세균이 분해해 식초로 만든다는 사실은 알지 못했다.

술을 만들 때도 미생물 발효가 필요하다. 우리나라 전통주는 주로 곡물과 누룩을 이용해 만든다. 누룩은 밀이나 쌀 등을 갈아 굵은 가루로 만든 다음 반죽해 덩이로 만들고 적당한 온도에서 숙성시켜 만드는데, 숙성된 누룩에는 다양한 미생물이 있다. 누룩이 숙성되는 동안 곰팡이가 피는데, 이것이 바로 누룩곰팡이다. 또한, 누룩에는 효모와 유산균, 고초균 등이 있다. 잘 발효된 누룩과 곡물을 섞으면, 우선 누룩곰팡이가 곡물을 분해해 당으로 만든다. 그다음, 효모가 당을 분해해 알코올로 바꾼다. 이렇게 해서 곡물과 누룩이 만

메주

콩을 삶아 으깬 다음 틀에 넣어 덩이로 만들고, 어느 정도 말린 덩이를 볏짚으로 묶어 높은 곳에 매달아 숙성한 것이 메주이다.

나 술이 만들어진다.

우리 민족의 대표적인 발효 식품인 된장이나 고추장, 간장도 이 누룩곰팡이를 이용해 만든다. 된장이나 간장을 만들려면 우선 메주가 필요하다. 메주는 가을에 수확한 콩을 이용해 초겨울에 만든다. 콩을 삶아 으깬 다음 틀에 넣어 덩이로 만들고, 어느 정도 말린 덩이를 볏짚으로 묶어 높은 곳에 매달아 숙성한 것이 메주이다. 그리고 겨울을 보내면 메주에 곰팡이가 핀다. 이 곰팡이가 바로 누룩곰팡이다.

잘 숙성된 메주에는 누룩곰팡이 외에도 유산균, 고초균 등 800종 이상의 미생물이 있다. 누룩곰팡이는 여러 종류의 효소를 만드는데, 이 효소들이 곡물을 당으로 분해하고 단백질을 감칠맛이 나는 물질로 분해한다. 그리고 고초균, 유산균 등과 같은 다양한 미생물의 발효가 더해지면서 간장과 된장, 고추장의 맛이 깊어진다.

감칠맛을 만드는 세균

우리가 맛을 느낄 수 있는 것은 입 안에 들어온 물질이 침에 녹아 액체 상태로 혀에 있는 맛을 느끼는 세포를 자극하기 때문이다. 우리 혀의 맛을 느끼는 세포는 맛세포, 또는 미각세포라고 부르는

데, 단맛, 짠맛, 신맛, 쓴맛의 4가지 맛을 느낄 수 있다고 알려졌다. 참고로 매운맛은 혀가 느끼는 통증이기 때문에 맛이 아니다.

그런데 흔히 알려진 이 네 가지 맛에 외에 다섯 번째 맛이 있다. 바로 감칠맛이다. 감칠맛은 어떤 음식을 먹었을 때 더 먹고 싶다는 느낌을 들게 한다. 과거에는 감칠맛이 앞에서 소개한 4가지 맛이 잘 어우러져 생긴 맛이라고 생각했다. 하지만 1997년에 이 감칠맛을 느끼는 세포를 찾아내면서 4가지 기본 맛에 더해 다섯 번째 맛이 되었다.

감칠맛을 일으키는 화학성분은 글루탐산이다. 글루탐산은 1908년에 일본의 화학자인 이케다 기쿠나에가 처음 발견했다. 그 후, 과학자들은 글루탐산과 짠맛을 내는 나트륨이 결합한 글루탐산나트륨을 개발했다. 이것이 바로 우리가 요리할 때 흔히 쓰는 조미료인 MSG^{Mono Sodium Glutamate}이다. 처음에는 MSG를 밀가루나 콩 속의 단백질을 분해해서 만들었는데, 곡물을 사용해야 하므로 비용이 많이 들었다. 그래서 미생물을 이용해 글루탐산을 만들려는 연구가 계속되었다. 마침내 글루탐산을 만드는 세균을 발견했는데 놀랍게도 새똥이 섞인 흙에서였다. 또 감칠맛을 내는 물질을 만드는 효모도 발견되었다. 그래서 지금은 사탕수수나 사탕무에서 설탕을 뽑아내고 남은 물질을 이 세균과 효모가 발효시켜 감칠맛을 내는 MSG를 만들고 있다.

유전공학과 대장균

생명과학이 발달하면서 세균의 쓰임새가 많아졌다. 특히 대장균은 유전공학의 재료로 많이 쓰인다. 대장균은 다루기 쉬울 뿐만 아니라 실험실에서 잘 자라고 혹시 사람에게 감염되어도 큰 위험이 없으며 수많은 세균 중 가장 많이 연구된 세균이기 때문이다. 게다가 영양분이 충분하면 한 번 분열하는 데 겨우 20분이 걸릴 정도로 증식 속도가 빨라 유전공학의 재료로 쓰기에 안성맞춤이다.

세균에는 세포질에 염색체와 다른 별도의 유전 정보를 갖는 '플라스미드'라는 고리 모양의 DNA가 있고, 이것이 다른 세균의 몸 안으로 쉽게 들어갈 수 있다고 앞에서 설명했다. 유전공학에서는 대장균에서 플라스미드를 꺼내 유용하게 사용한다. 예를 들어 유전공학 기술로 사람 유전자 하나를 꺼내서 플라스미드에 끼워 넣는다. 그런 다음, 플라스미드를 다시 대장균 안으로 들여보낸다. 그러면 대장균은 자기 몸 안에 있는 사람 유전자 정보에 따라 단백질을 만든다. 이러한 방법으로 인간 몸 안에서만 만들어지는 단백질을 만들 수 있다. 대표적인 것이 바로 인슐린 생산이다.

인슐린은 췌장에서 분비되는 호르몬으로 우리 몸의 혈당을 조절하는 아주 중요한 역할을 한다. 인슐린이 부족하면 당뇨병에 걸리는데, 심하면 인슐린 주사를 맞아야 정상적인 생활을 할 수 있다.

1970년대까지만 하더라도 인슐린을 인공적으로 만들 수 없어 돼지나 소의 췌장에서 뽑아낸 인슐린을 사용했다. 그러다 보니 생산량이 적어 가격이 비쌌고 동물의 것이라 부작용을 일으키기도 했다. 그런데 대장균을 이용해 인간의 인슐린을 대량으로 만드는 데 성공한 것이다.

유전공학 기술을 이용해 대장균 플라스미드에 인간의 인슐린을 만드는 유전자를 끼워 넣은 다음 대장균과 같이 놓으면, 플라스미드는 대장균 안으로 들어가 자리를 잡는다. 그러면 그 대장균은 인간 인슐린을 만들어낸다. 대장균은 영양만 충분하면 분열을 통해 빠른 속도로 늘어나기 때문에 인간 인슐린을 만드는 대장균을 대량으로 키울 수 있다.

같은 방법으로 인간의 성장 호르몬도 만들고 있다. 성장 호르몬은 인간이 성장하는 데 꼭 필요한 것이지만, 인간 몸 안에서만 만들어져 인공으로 만들기가 매우 힘들다. 그런데 인간 성장 호르몬을 만드는 정보를 가진 유전자를 대장균 플라스미드 DNA에 끼워 놓으면, 대장균은 그 유전자가 자기 것인 줄 알고 열심히 인간 성장 호르몬을 만든다.

병을 치료하는 바이러스

과학자들은 인간 염색체에 우리가 원하는 새로운 유전자를 끼워 넣어 유전병을 치료하는 방법을 연구 중이다. 그런데 이 연구에서 새로운 유전자를 사람 염색체에 끼워 넣는 역할을 바이러스가 하고 있다. 바이러스는 다른 생명체의 세포 안에 들어가서 자신과 같은 모습의 후손을 복제하는데, 이때 일부 바이러스는 자신의 유전자를 다른 생명체의 염색체에 끼워놓는 경우가 있다. 그 대표적인 예가 '레트로 바이러스retrovirus'이다.

레트로 바이러스를 우리 몸에 해롭지 않게 만든 다음, 유전자에 유전병을 치료할 수 있는 유전자를 끼워 넣는다. 유전병은 선천적으로 잘못된 유전자를 물려받아 생기는 질병이므로 정상 유전자를 레트로 바이러스의 유전자에 끼워 넣는 것이다. 그런 다음, 환자 몸에서 유전병을 일으킨 세포들을 꺼내고, 레트로 바이러스를 감염시킨다. 그러면 레트로 바이러스는 자신의 유전자를 그 세포의 염색체에 끼워 넣는다. 이때 환자를 치료할 유전자도 같이 들어가 그 세포들은 유전병을 일으키지 않게 된다. 그런 다음 그 세포들을 다시 환자의 몸속에 넣으면 환자의 유전병을 치료할 수 있다. 아직 연구가 진행 중이지만, 언젠가는 바이러스를 이용해 유전병을 치료할 날이 올 것이다.

또한, 바이러스를 암 치료에 이용하려는 연구도 있다. 바이러스는 살아 있는 세포 안으로 들어가 후손을 계속 증식해 결국 그 세포를 파괴하는데, 이러한 특성을 암을 치료에 이용하는 것이다. 현재 암세포만 감염시키는 특수한 바이러스를 만들어내는 연구가 진행 중이다.

유전자변형농작물을 만드는 세균

세균을 이용해서 원하는 유전자를 식물 염색체에 끼워 넣는 것도 가능하다. 식물 세포는 두꺼운 세포벽에 둘러싸여 있어서 외부 유전자를 넣는 것은 무척 어려운 일이다. 하지만 식물 뿌리나 줄기에 난 상처에 들어가 식물에 종양을 일으키는 세균인 아그로박테륨 *Agrobacterium*을 이용하면 가능하다.

아그로박테륨은 흙 속에 사는 세균인데, 식물에 병을 일으키는 종류가 많다. 아그로박테륨의 플라스미드에 원하는 유전자를 끼워 놓은 다음, 아그로박테륨을 식물 세포에 감염시킨다. 그러면 아그로박테륨 플라스미드의 유전자가 감염된 식물 세포 염색체 안으로 들어간다. 이 식물 세포를 배양해서 키우면 특별한 능력을 지닌 식물로 키울 수 있다. 이것을 유전자변형농작물Genetically Modified Organism,

GMO이라고 한다.

지금까지 많은 유전자변형농작물이 개발되었다. 예를 들어 수수 염색체에 해충에 강한 성질을 갖게 하는 유전자를 끼워 넣어 만든 옥수수가 있고, 비슷한 방법으로 비타민A가 더 많이 들어있는 토마토, 무르지 않아 더 오래 저장할 수 있는 토마토 등이 있다.

플라스틱을 분해하는 세균, 플라스틱을 만드는 세균

플라스틱은 현대 문명에 없어서는 안 되는 중요한 물질이다. 가볍고 튼튼하며 녹슬거나 썩지 않고 자유롭게 모양을 만들 수 있어 우리 주변의 다양한 생활용품을 만드는 재료로 쓰인다. 그런데 플라스틱은 자연에서 쉽게 분해되지 않아 지구 생태계를 파괴하는 공해 물질이 되고 있다. 특히 잘게 부서진 플라스틱은 바다로 흘러들어 해양생물을 위협한다.

이런 골칫덩어리 플라스틱 쓰레기를 먹어치우는 곤충이 있다. '밀웜mealworm'이라고 불리는 딱정벌레 종류의 애벌레이다. 식용곤충으로 쓰이는 밀웜은 무엇이든 먹어치우는 왕성한 식욕을 자랑하는데, 심지어는 스티로폼이나 플라스틱도 먹어치운다. 밀웜의 뱃속에 플라스틱을 분해하는 세균이 있어 가능한 일이다. 이 세균은 밀웜이 먹은 스티로폼이나 플라스틱을 아무 탈 없이 분해할 수 있다. 덕분에 밀웜이 플라스틱을 먹고 배출한 배설물은 농작물 퇴비로도 사용할 정도다. 과학자들은 이 세균을 이용해 플라스틱을 분해하는 방법을 연구하고 있다.

플라스틱은 원래 석유를 이용해 만든다. 그런데 플라스틱을 만드는 세균이 발견되어 과학계의 주목을 받고 있다. 이 세균은 식물이 생산한 당이나 유지를 분해해 폴리에스터의 한 종류를 만들어 몸속에 쌓아둔다. 폴리에스터는 플라스틱으로 널리 쓰이는 물질로 페트병의 원료다. 폴리에스터를 몸속에서 만드는 세균의 종류만 100종이 넘는데, 플라스틱을 몸속에 쌓아두는 이유는 놀랍게도 식량으로 쓰기 위해서라고 한다. 이들이 만드는 폴리에스터는 기존 플라스틱보다 수명이 짧지만, 다른 세균이 쉽게 분해할 수 있어 환경을 지킬 수 있는 장점이 있다.

폐수를 정화하는 세균

우리가 사용하고 버리는 물인 폐수는 하수도를 통해 흘러간다. 폐수에는 우리 몸에서 나온 때나 배설물 그리고 음식 찌꺼기 등의 유기물이 많이 들어있다. 이 물은 하수 처리장에서 정화되어 깨끗한 물로 변해 강으로 흘러 들어간다. 그런데 많은 하수 처리장에서 폐수를 정화할 때 세균을 이용한다.

폐수를 정화하는 과정은 다음과 같다. 먼저 폐수에 있는 큰 불순물을 가라앉혀 물과 분리한다. 큰 불순물이 제거된 물에는 유기물과 함께 다양한 세균이 들어있다. 여기에 산소를 넣어주면, 산소를 좋아하는 세균들이 활발히 활동하면서 유기물을 분해해 이산화탄소와 물로 바꾼다. 그 결과 세균이 많이 증식하는데, 이들은 다른 미생물과 함께 덩어리를 이루며 바닥으로 가라앉고 위에는 맑은 물만 남게 된다. 이 맑은 물을 염소로 소독해 강으로 흘려보내면 폐수 정화가 끝난다. 그리고 바닥에 가라앉은 미생물 덩어리는 진흙처럼 되는데, 이것을 '오니汚泥'라고 부른다. 오니를 현미경으로 살피면 수많은 미생물을 볼 수 있다. 오니를 건조해 비료로 사용하거나 불에 태워 없앤다.

한편, 오니에 폐수를 다시 붓고 산소를 넣어주지 않으면, 미생물이 오니를 분해해 아세트산과 수소, 이산화탄소를 만들어낸다. 여기에 고세균의 일종인 메탄생성균을 넣어주면 에너지 자원을 얻을수 있다. 메탄생성균은 수소 또는 아세트산과 이산화탄소를 이용해메탄을 만들어내기 때문이다. 메탄은 우리가 에너지로 사용하는 천연가스의 주성분이다. 더러운 물도 정화하고 에너지도 얻는 일석이조의 효과다.

석유를 분해하는 세균, 금속을 추출하는 세균

1989년 미국 알래스카 해안에 유조선이 좌초되어 많은 양의 원유가 흘러나왔다. 원유는 해안으로 밀려들어 200km의 해변을 오염시켰다. 그런데 이 해변에는 석유를 분해해 에너지를 얻는 세균이 살고 있었다. 석유가 해변으로 밀려오자 이 세균의 수가 많이 불어났다. 과학자들은 해변을 오염시킨 석유를 없애기 위해 이 세균을 이용하기로 했다. 그래서 세균이 증식하는 데 필요한 질소나 인이 든 비료를 해변에 뿌렸다. 그러자 오염된 석유의 분해 속도가 6배나 빨라졌다.

제련소에서는 금속 성분이 든 광석에서 금속을 추출하는 작업을 한다. 예를 들어 구리에 철과 황의 불순물이 섞인 황동석이라는 광석에서 구리를 뽑아낸다. 그런데 이때 특수한 세균을 사용하기도 한다. 이 세균은 구리에 철과 황이 결합한 화합물을 녹기 쉬운 물질로 바꾼다. 이러한 과정을 거쳐 구리가 녹아 있는 액체를 만들 수 있고, 구리를 침전시켜 순수한 구리만 뽑아낸다. 황철광이란 광석에서 우라늄을 뽑아낼 때도 비슷한 방법으로 세균을 사용한다.

빵과 술을 만드는 미생물, 효모

효모는 가장 간단한 형태의 진핵생물로 곰팡이처럼 진균에 속하는 미생물이다. 약 1,500여 종이 알려졌는데, 그 중 빵을 만들 때 사용하는 효모와 친척뻘인 술을 만드는 효모는 인간에게 매우 고마운 미생물이다.

효모는 꽃의 꿀샘이나 과일의 표면과 같이 당분이 많은 곳에서 잘 자란다. 효모는 당분을 발효시키면서 알코올과 이산화탄소를 만들어낸다. 인류는 효모의 이러한 성질을 이용해 아주 오래전부터 빵과 술을 만들어왔다. 약 4000여 년 전의 고대 이집트 벽화는 당시 사람들이 효모를 사용해 빵과 술을 만들었음을 알려준다. 물론 고대 이집트 사람들은 맨눈으로 볼 수 없는 효모의 존재를 몰랐을 것이다. 다만, 그들은 잘 익은 포도를 으깨어 통에 담고 밀폐했는데, 그러면 포도에 붙은 효모가 자연스럽게 포도의 당분을 발효시키며 포도주가 만들어졌다.

효모를 처음 관찰한 사람은 1680년 네덜란드의 레이우엔훅이었다. 그는 자신이 만든 현미경으로 효모를 관찰하고 그림으로 남겼다. 1859년 프랑스의 과학자 루이 파스퇴르는 술을 만들 때 효모가 중요한 역할을 한다는 사실을 밝혀냈다. 그 후, 과학의 발달로 인류가 생물의 유전자를 조사할 능력을 갖췄을 때, 과학자들은 진핵생물 중 가장 먼저 효모의 유전자 염기서열을 밝혀냈다. 그만큼 효모는 인류에게 친숙한 미생물이다.

효모는 단세포 미생물이고 지름이 평균 $3\sim4\mu m$ 정도이다. 세균과 비슷하게 생겼지만 크기가 세균보다 크고 현미경으로 관찰하면 세포 구조가 세균과 다르다는 것을 알 수 있다. 그런데 특이하게도 진핵생물이면서 세균들과 마찬가지로 DNA로 이루어진 원형의 플라스미드를 가지고 있다. 또 다른 진균과는 달리 균사를 만들지 않는다. 광합성도 할 수 없고 스스로 움직일 수도 없다.

효모는 산소가 있는 환경에서 물과 이산화탄소를 배출하며 잘 자란다. 당과 산소가 모두 충분한 곳에서는 산소가 없을 때보다 20배 정도 성장이 빠르다. 산소가 없어도 효모는 당을 발효시켜 에너지를 만드는데, 이때는 이산화탄소와 물 대신 알코올을 배출한다.

효모가 알코올을 만들어내 술이 만들어지면, 알코올 덕분에 다른 세균들이 살기 힘들다. 그래서 술이 쉽게 상하지 않는 것이다. 그런데 알코올은 효모에게도 해로운 물질이다. 따라서, 알코올 농도가 높아지면 효모도 죽고 만다. 그런데 효모의 종류에 따라 알코올을 견디는 능력은 조금씩 다르다. 예를 들어 와인을 만들 때 사용하는 효모는 맥주를 만들 때 사용하는 효모보다 더 높은 알코올 농도에서 버틸 수 있다.

효모가 만드는 이산화탄소도 술과 빵을 만들 때 중요한 역할을 한다. 맥주를 컵에 따르면 거품이 일어나는데, 이 거품의 정체가 바로 효모가 당을 분해하면서 배출한 이산화탄소이다. 샴페인의 거품도 마찬가지이다. 또 빵을 만들 때 효모는 빵이 부풀어 오르게 하는 작용을 하는데, 이때도 효모가 당을 분해하면서 배출하는 이산화탄소가 그 역할을 한다.

미생물 실험실에서는 대장균을 연구 재료로 많이 사용하는데 효모는 대장균보다 고등한 진핵생물이면서도 실험실에서 배양하기 쉽다. 게다가 세균처럼 플라스미드를 가지고 있어 생명과학이나 유전공학 실험실에서 실험 재료로 자주 쓰인다. 또 식품 산업에서도 다양한 종류의 효모가 사용되고 있다.

07

신기하고
특별한
세균과 바이러스

전기를 만드는 세균

세균은 유기물을 분해해 얻는 에너지로 살아간다. 그런데 유기물을 분해할 때 만든 전자를 외부의 금속에 전달하는 세균이 발견되었다. 이러한 세균을 전기를 만드는 세균, 즉 '발전균'이라고 한다. 발전균의 배양액 속에 유기물과 함께 전극을 넣으면, 유기물을 분해하고 만든 전자를 음극 전극에 전해준다. 그러면 전자가 음극에서 양극으로 흐르면서 전류가 발생한다.

전기를 만드는 세균은 1999년에 처음 발견되었다. '쉬와넬라 오나이덴시스Shewanella oneidensis'라고 불리는 세균은 호수나 강의 퇴적물 등에서 주로 산다. 미항공우주국NASA은 이 세균이 우주에서도 정상적으로 활동하는지 실험하면서 이 세균이 만드는 전기를 우주 탐사에 필요한 에너지로 사용할 수 있는지 연구 중이다. 또 쓰레기 처리 시설 등에 모인 유기물을 발전균으로 분해해 전기를 만드는 연구도 진행 중이다. 미래에는 발전균을 이용한 발전소가 세워질지도 모른다.

방사능에 잘 견디는 세균

세균 중에는 인간 치사량의 1,500배에 달하는 방사능에 노출되어도 살아남는 것들이 있다. 이 세균은 데이노코쿠스 라디오두란스Deinococcus radiodurans라는 이름을 가졌는데, 끔찍할 정도로 방사능에 잘 견딘다는 뜻이 담겨 있다. 이것은 1956년 미국의 한 농업 시험장에서 방사선을 이용한 통조림 멸균법을 개발하던 중에 발견되었다. 당시 멸균을 위해 통조림 속 고기에 강한 방사선을 쬐었는데도 불구하고 한 통조림 속의 고기가 세균에 오염되어 부패했다. 과학자들은 통조림 속 고기에서 방사능에 강한 세균을 찾아냈다. 데이노코쿠스 라디오두란스는 같은 유전자를 여러 개 가지고 있어 방사선에 유전자 일부가 파괴되더라도 즉시 대체할 수 있고, 손상된 DNA를 복구하는 능력도 뛰어나다. 게다가 완전 진공 상태나 완전 건조 상태에서도 견딜 수 있다. 과학자들은 이 세균을 이용해 방사능 핵폐기물을 분해하는 연구를 진행 중이다.

데이노코쿠스 라디오두란스의 연구는 우주에서도 진행되었다. 과학자들은 수분을 제거한 이 세균을 국제 우주정거장 외부 실험 장치에 두고 방사능이 쏟아지는 상태에서 1년 이상 그대로 노출했다. 그리고 다시 지구로 가져와 수분을 공급하고 지구에 있는 같은 종의 세균과 비교해 보았다. 그런데 놀랍게도 우주에서 살아남은

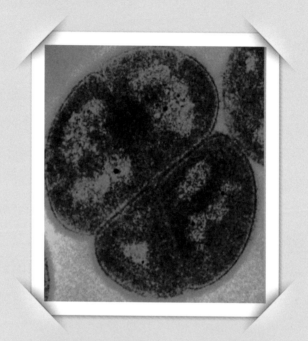

데이노코쿠스 라디오두란스

인간 치사량의 1,500배에 달하는 방사능에 노출되어도 살아남는 세균인 데이노코쿠스 라디오두란스의 이름은 끔찍할 정도로 방사능에 잘 견딘다는 뜻이 담겨 있다. 1956년 미국의 한 농업 시험장에서 방사선을 이용한 통조림 멸균법을 개발하던 중에 발견되었다.

세균은 크게 달라지지 않았다. 우주에서 오는 강한 방사선과 태양 광선을 잘 견디어 낸 것이다. 다만 표면에 혹이나 물집 같은 것들이 생겼는데, 과학자들은 이것이 우주 환경에서 오는 스트레스를 막아 주는 역할을 했다고 보았다.

또 우주정거장에서 진행된 다른 실험에서는 두께 0.5mm 이상 크기로 이 세균들이 뭉친 집단을 3년 동안 우주정거장 밖에 두었다. 그랬더니 집단 바깥쪽에 있는 세균들이 죽으면서 보호층을 이뤄 집단 안쪽의 세균들을 살려냈다. 과학자들은 이 세균이 같은 환경에서 15~45년을 살아남을 수 있다고 추정한다.

열수분출공 주변의 고세균

수심 2,000~3,000m 깊이의 바다는 압력이 대기압의 200~300 배이고 햇빛이 전혀 들지 않는다. 그래서 해저를 직접 탐험할 수 없었던 과거에는 과학자들이 이런 곳에 생물이 살지 못하리라 생각했다. 그런데 기술이 발달해 깊은 해저를 직접 탐험하면서 자신들의 생각이 틀렸음을 알게 되었다. 과학자들은 해저 깊은 곳에 있는 열수분출공熱水噴出孔 주변에서 많은 생물을 발견했다. 열수분출공은 해저 지각 틈 사이로 스며든 바닷물이 뜨거운 마그마에 의해 데워

진 후 다시 분출될 때 뜨거운 물에 녹아 있던 물질들이 침전되면서 만들어진 굴뚝 모양의 구조물이다.

열수분출공에서는 300℃가 넘는 뜨거운 물을 뿜어내는데, 이곳에서 살아가는 고세균이 있다. 이 고세균은 열수분출공에서 나오는 뜨거운 물에 든 황화수소를 소화해 태양 빛 없이도 유기물을 만들어낸다. 이 세균이 다른 생물의 먹이가 되면서 열수분출공 주변에 생태계가 만들어지고 많은 생물이 살게 되었다.

과학자 중에는 원시 지구의 환경이 해저의 열수분출공 환경과 비슷했다고 주장하면서 생명의 기원을 열수분출공에서 찾기도 한다. 그들은 열수분출공이 생명 탄생에 적합한 환경과 에너지를 제공했다고 추측하고 있다.

바다 밑바닥에서 발견된 메탄생성균

바다 속 2,500m 아래에 있는 2천 만 년 전의 지층인 석탄층에서 발견된 세균이 있다. 이 세균은 고세균의 일종인 메탄생성균인데, 나무가 우거진 숲의 흙 속에서 흔히 볼 수 있는 무리이다.

추리해 보면, 2천 만 년 전에 숲이었던 곳이 바다 밑바닥 아래로 가라앉으면서 석탄층이 되었고, 그곳에 살던 메탄생성균이 사라지지 않고 지금까지 존재한 것이다. 육지에서 바다 밑바닥 아래라는 전혀 다른 환경으로 이동했고 무려 2천 만 년이라는 오랜 세월이 지났는데도 고세균은 변함없이 메탄을 만들며 살아가고 있다니 정말 놀라지 않을 수 없다.

자석을 만드는 세균

세균 중에는 주위 환경에서 철 성분을 흡수해 몸 안에서 자기력을 띤 입자를 만드는 종류가 있다. 세균이 만든 입자는 나노 크기의 자석이라고 할 수 있다. 자기력을 띤 입자를 만드는 세균은 여러 종류가 발견되었는데, 현재 배양에 성공한 종류는 4종뿐이다. 자기력을 띤 입자의 크기는 50~100 nm 이고, 세균 하나가 만드는 입자의 수는 세균 종류에 따라 몇 개에서 100여 개이며, 입자도 공 모양, 사각형, 쌀알 모양 등으로 다양하다.

의료계에서는 나노 크기의 자석을 인공적으로 만들어 항암 치료 등에 사용해 왔는데, 세균이 만든 자기력을 띤 입자가 의료용으로 사용하기에 더 많은 장점이 있다고 한다. 머지 않아 세균이 만든 자기력을 띤 입자가 의료계에서 편리하게 사용되는 날이 올 것이다.

맨눈에도 보이는 거대 세균

1985년 홍해에 사는 검은쥐치의 창자에서 거대한 세균이 발견되었다. 길이가 0.6mm로 맨눈으로도 볼 수 있을 정도였다. 처음 발견되었을 때는 이것을 원생동물이라고 생각했는데, 연구 결과 세균으로 밝혀졌다. 이 세균의 이름은 '물고기의 만찬'이라는 뜻을 지닌 '에풀로피스키움'이다.

1999년에는 아프리카 남서해안의 나미비아의 해변 땅속 100m 깊이에서 에플로피시움보다 큰 세균이 발견되었다. 이 세균은 '나미비아의 황진주'라는 뜻을 지닌 '나미비엔시스'라는 이름을 얻었는데, 동그란 모양에 지름이 0.8mm에 달했다. 이 세균은 98%를 액포로 채우고 있다.

세균보다 큰 바이러스

바이러스는 대개 보통 세균보다 50배 이상 작다. 그런데 2003년에 일부 세균보다 큰 거대한 바이러스가 발견됐다. 바로 '판도라 바이러스'로 길이가 $1\mu m$ 이상이다. 판도라 바이러스는 오스트레일리아의 호수와 칠레 해안가에서 발견되었다. 이 바이러스는 유전자도 일부 세균보다 많았는데, 그 수가 최대 2,556개나 된다. 그런데 이 유전자의 93%는 이제까지 발견된 생물과 바이러스에서는 볼 수 없던 것이었다. 과학자들은 이 바이러스의 유전자에 대해 많은 의문을 품고 있다.

2014년에는 판도라 바이러스보다 1.5배나 큰 바이러스가 발견되었다. '피토 바이러스pithovirus'라고 불리는 이것은 시베리아의 1년 내내 얼어붙어 있는 땅인 영구동토층에서 발견되었다. 영구동토층은 약 3만 년 이전에 만들어졌다. 그런데 이 바이러스는 덩치에 비해 유전자 수가 적어 세균보다 적은 477개의 유전자를 가지고 있다.

성을 바꾸는 세균

곤충에서 많이 발견되는 '월바키아Wolbachia'라고 불리는 세균은 성차별의 행동을 보여 관심을 끌고 있다. 일부 곤충 수컷이 월바키아에 감염되면 서서히 암컷으로 변한다. 그리고 암컷이 감염되면, 알을 낳을 때 암컷이 수컷보다 훨씬 많이 나오도록 만든다. 예를 들어 월바키아에 감염된 암컷 쥐며느리는 수컷 쥐며느리와 교미 후 알을 낳을 때 암컷 알이 수컷 알보다 월등히 많다. 이렇게 암컷 수를 늘리는 것이 월바키아의 생존에 유리하기 때문이다. 새끼를 낳을 수 있는 암컷이 많을수록 그 곤충의 수가 많아지고, 자신이 기생할 수 있는 숙주가 늘어난다.

최근에는 월바키아를 이용해 병을 옮기는 모기를 퇴치하려는 연구가 진행 중이다. 수컷 모기가 월바키아에 감염되면 자손을 퍼뜨리지 못하는 경우가 있다. 염색체에 이상이 생겨 암컷 모기의 알이 부화하지 못하기 때문이다. 그래서 과학자들은 지카 바이러스나 뎅기열 바이러스와 같이 무서운 바이러스를 퍼뜨리는 모기에 월바키아를 감염시켜 수를 줄이려는 연구를 진행 중이다.

세계 최강의 독을 만드는 세균

호수나 강의 진흙 속에 사는 보툴리누스균은 세계 최강의 독인 보툴리누스 독소를 만든다. 이 독소는 동물의 신경조직을 마비시키고 파괴하는데, 복어의 독보다 1,000배 이상 강하다. 500g이면 인류를 모두 죽일 수 있을 정도다. 그렇다고 너무 무서워할 필요는 없다. 보툴리누스균은 산소를 싫어해 공기가 있는 곳에서는 살지 못하기 때문이다. 게다가 120℃에서 4분 이상 가열하면 죽고, 독소도 100℃에서 10분 이상 가열하면 분해되어 없어진다.

그런데 산소가 없는 통조림 속 음식의 멸균 처리가 잘못되면 보툴리누스균에 오염될 수 있다. 그러면 보툴리누스균이 통조림 안의 음식을 마음껏 분해하면서 증식하고 독소를 내뿜는다. 사람이 이 통조림을 먹을 경우 심각한 식중독에 걸릴 수 있다. 보툴리누스균 식중독에 걸린 사람은 신경조직과 근육이 마비된다. 심하면 호흡 근육 마비로 인한 호흡 곤란으로 목숨을 잃을 수도 있다.

하지만 보툴리누스균은 병을 치료하는 데 쓰이기도 한다. 아주 적은 양을 사용한 '보톡스'라는 의약품이 있는데, 비뚤어진 눈과 눈꺼풀 경련, 목이나 어깨 근육이 굳어지는 근육 경직에 치료 효과가 있다. 요즘은 미용 목적으로 성형외과에서 많이 쓰인다. 보톡스는 일시적으로 근육을 마비시키는 효과가 있기 때문이다. 얼굴에 보톡스 주사를 맞으면 주름살을 만드는 근육을 마비시키고, 그 근육 위 피부가 펴지면서 주름살이 없어지는 효과가 있다.